Flood Control and Emergency Rescue
Engineering Technology

# 防汛抢险
## 工程技术

主　编 ◎ 洪　娟
副主编 ◎ 陈徐均　陈启飞
主　审 ◎ 陈云鹤

河海大学出版社
HOHAI UNIVERSITY PRESS
·南京·

图书在版编目(CIP)数据

防汛抢险工程技术 / 洪娟主编；陈徐均,陈启飞副主编. —南京：河海大学出版社,2022.8
ISBN 978-7-5630-7629-1

Ⅰ.①防… Ⅱ.①洪… ②陈… ③陈… Ⅲ.①防洪工程 Ⅳ.①TV87

中国版本图书馆 CIP 数据核字(2022)第 146601 号

| 书　　名 | / 防汛抢险工程技术 |
|---|---|
|  | FANGXUN QIANGXIAN GONGCHENG JISHU |
| 书　　号 | / ISBN 978-7-5630-7629-1 |
| 责任编辑 | / 曾雪梅 |
| 特约校对 | / 薄小奇 |
| 封面设计 | / 徐娟娟 |
| 出版发行 | / 河海大学出版社 |
| 地　　址 | / 南京市西康路1号(邮编:210098) |
| 电　　话 | / (025)83737852(总编室)　(025)83722833(营销部) |
|  | 　(025)83787103(编辑部) |
| 经　　销 | / 江苏省新华发行集团有限公司 |
| 排　　版 | / 南京月叶图文制作有限公司 |
| 印　　刷 | / 广东虎彩云印刷有限公司 |
| 开　　本 | / 700毫米×1000毫米　1/16 |
| 印　　张 | / 12.25 |
| 字　　数 | / 211千字 |
| 版　　次 | / 2022年8月第1版 |
| 印　　次 | / 2022年8月第1次印刷 |
| 定　　价 | / 48.00元 |

# 前　言

　　我国地处亚欧大陆东部，受季风影响，常年降雨分布不均。就全国范围而言，每年长达数月的汛期中由暴雨引发的洪水年年都有。全国有近十分之一的国土位于江河正常洪水水位以下。主要江河中下游人口密集、经济发达，洪水成灾的后果严重。1949年以前的两千多年中，有记载的较大洪灾达1000多次，几乎平均每两年一次。中华人民共和国成立后，各级政府对防洪工作投入大量人力、物力和财力，进行了大规模防洪工程建设，使各大江河的防洪能力有了很大提高，同时还配备了大量防汛指挥调度系统和洪水预报系统等防洪非工程措施。这些均已在抗御洪涝灾害中发挥了巨大作用。但是，我国的防洪工程体系和非工程措施总体上还不够完善，1949年以来发生的多次流域性洪水均造成了巨大的生命财产损失。随着我国经济的快速发展和城市规模的不断扩大，需要重点防御洪水的保护目标也不断增多，这对防洪工作提出了更高的要求。与此同时，不少地方由于河道淤积和人为设置行洪障碍物等原因，使防洪形势更为严峻。因此，相当长的时期内，在汛期进行抗洪抢险都将是各级政府和广大军民的重要职责。

　　中国人民解放军和武装警察部队历来是抗洪抢险的主力军，承担着急、难、险、重任务。《中华人民共和国防洪法》和《中华人民共和国防汛条例》在防汛抢险工作的各个环节上，对军队参加抗御洪水的斗争作出了明确规定。我军早已将抗洪抢险列为重要的多样化军事任务之一，并在全国主要江河流域范围内，于2000年先后确定了19支工程兵部队为抗洪抢险专业应急部队。值得注意的是，在战争中以水代兵的战例自古以来屡见不鲜。现代战争中，堤防、水库是空袭的重要目标。1967年汛期，侵越美军就对越南的堤防轰炸 10 余次,其中 3 次造成溃决。随着高精度制导武器的发展,汛期堤坝被轰炸的命中率将会大幅度提高。因此,抗洪抢险还可能成为未来战争中我军的战斗行动之一。

《中华人民共和国防汛条例》规定防汛抗洪的工作方针是:"安全第一,常备不懈,以防为主,全力抢险。"组织防汛抢险技术培训,加强防汛抢险队伍建设,是落实这一方针的重要环节。抗洪抢险行动训练也列入了我军非战争军事行动训练计划。

对于具体的地区或流域,大洪水发生的周期较长,一般为数十年一遇。相对而言,军队干部、战士的任职周期一般较短,难以像地方水利部门那样保留一批有长期抗洪抢险实践经验的技术骨干。根据抗洪抢险需要和人员流动情况,建立培训制度,对基层指挥员和技术人员进行抗洪抢险技术培训,对于抗洪抢险专业应急部队的建设和其他承担抗洪抢险任务部队的建设具有更为重要的意义。由于大洪水高水位期间的种种重大险情在平时很难模拟,加上近年来新技术新材料在抗洪抢险中的应用越来越多,仅仅依靠操作练习往往难以深入掌握重大险情的判断和抢护方法。因此,在对基层指挥员和技术人员进行抗洪抢险技术培训时,既要突出实用性,也要适当加强理论性和先进性,使受培训人员在对险情发生发展机理和相应抢护技术原则有所认识的基础上,掌握一定的用理论指导抗洪抢险实践和选择应用新技术新材料的能力。

本教材适用的教学对象是:抗洪抢险专业应急部队、其他承担抗洪抢险任务部队的基层指挥员和技术人员、各级政府防汛部门及其抢险队伍、高等院校相关专业学生等。本教材的内容编排还考虑到了学员自学的需要。

本教材由洪娟统稿,陈云鹤主审,各章节的具体编写人员如下:第一章,洪娟;第二章,陈启飞、刘俊谊;第三章,陈徐均;第四章,洪娟;第五章,洪娟、焦经纬;第六章,齐世福、洪娟;第七章,洪娟、谢兴坤、申玫。

在本教材的编写过程中,我们得到了沈庆教授、孙芦忠教授、庞有师副教授、吴广怀教授、江召兵副教授的无私指导和帮助,对他们表示衷心感谢;我们还参阅和借鉴了许多学者的著作、科技文献资料及有关教材,并吸纳了其中一些成果,除本教材参考文献中列出的外,其余未能一一注明,在此一并表示衷心感谢。

由于编者水平有限,书中难免存在不当之处及疏漏,敬请各位同仁及读者批评指正。

编　者

2022 年 2 月

# 目　录

**第一章　概述** ·································································· 001
 第一节　洪水与地理位置的关系 ·············································· 001
 第二节　洪水与自然环境的关系 ·············································· 003
  一、地势 ····································································· 003
  二、气候 ····································································· 003
  三、河流和湖泊 ····························································· 004
 第三节　洪灾的成因 ···························································· 005
  一、气候因素 ································································ 005
  二、人为因素 ································································ 006
  三、地震灾害的影响 ························································ 010
 第四节　洪水险情基础知识 ···················································· 010
  一、洪水类型 ································································ 010
  二、洪水三要素 ····························································· 013
  三、我国的洪水特点 ························································ 013
 第五节　防洪体系 ······························································· 014
  一、防洪工程设施 ··························································· 014
  二、防洪非工程措施 ························································ 015
  三、洪水资源利用 ··························································· 017
  四、防汛抢险法规、标准 ·················································· 017
  五、防汛指挥机构 ··························································· 020
 第六节　国外防洪减灾技术方略 ·············································· 021
  一、防洪减灾决策及其演变 ················································ 021
  二、防洪减灾工程措施 ····················································· 022

  三、防洪减灾非工程措施 …… 022
  四、当前防洪减灾的技术研究 …… 023

## 第二章　堤防险情判别与安全性评估 …… 024
### 第一节　险情的分类和安全评估 …… 024
  一、险情的分类 …… 024
  二、堤防险情程度的评估 …… 026
### 第二节　漏洞、管涌、渗水险情的判别 …… 028
  一、漏洞险情的判别 …… 028
  二、管涌险情的判别 …… 030
  三、渗水险情的判别 …… 032
### 第三节　接触冲刷、漫溢及风浪险情的判别 …… 033
  一、接触冲刷险情的判别 …… 033
  二、漫溢险情的预测 …… 034
  三、风浪险情发生的原因 …… 035
### 第四节　滑坡、崩岸、裂缝及跌窝险情的判别 …… 035
  一、滑坡险情的判别 …… 035
  二、崩岸险情的判别 …… 037
  三、裂缝险情的判别 …… 038
  四、跌窝险情的判别 …… 040
### 第五节　冰凌险情的判别 …… 041
  一、冰凌 …… 041
  二、凌汛 …… 044
### 第六节　巡堤查险 …… 045
  一、准备工作 …… 045
  二、查险方法 …… 045

## 第三章　堤防渗透破坏的抢险技术 …… 049
### 第一节　漏洞险情的抢护 …… 049
  一、抢护原则 …… 049

  二、抢护技术 …………………………………………………………… 049
  三、注意事项 …………………………………………………………… 052
 第二节　管涌险情的抢护 …………………………………………………… 053
  一、抢护原则 …………………………………………………………… 053
  二、抢护方法 …………………………………………………………… 053
  三、注意事项 …………………………………………………………… 058
 第三节　堤坡渗水险情的抢护 ……………………………………………… 059
  一、抢护原则 …………………………………………………………… 059
  二、抢护技术 …………………………………………………………… 059
  三、注意事项 …………………………………………………………… 063
 第四节　接触冲刷险情的抢护 ……………………………………………… 064
  一、抢护原则 …………………………………………………………… 064
  二、抢护方法 …………………………………………………………… 064
  三、注意事项 …………………………………………………………… 066
 第五节　漫溢险情的抢护 …………………………………………………… 066
  一、抢护原则 …………………………………………………………… 066
  二、抢护方法 …………………………………………………………… 066
  三、注意事项 …………………………………………………………… 071
 第六节　风浪险情的抢护 …………………………………………………… 071
  一、抢护原则 …………………………………………………………… 072
  二、抢护方法 …………………………………………………………… 072
  三、注意事项 …………………………………………………………… 078

## 第四章　堤防土体失稳的抢险技术 ……………………………………… 079
 第一节　临水坡滑坡险情的抢护 …………………………………………… 079
  一、抢护原则 …………………………………………………………… 079
  二、抢护技术 …………………………………………………………… 079
  三、注意事项 …………………………………………………………… 080
 第二节　背水坡滑坡险情的抢护 …………………………………………… 081
  一、抢护原则 …………………………………………………………… 081

二、抢护技术 …………………………………………………………………… 081
　　三、注意事项 …………………………………………………………………… 084
 第三节　崩岸险情的抢护 ………………………………………………………… 085
　　一、抢护原则 …………………………………………………………………… 085
　　二、抢护技术 …………………………………………………………………… 085
　　三、注意事项 …………………………………………………………………… 089
 第四节　裂缝险情的抢护 ………………………………………………………… 089
　　一、抢护原则 …………………………………………………………………… 089
　　二、抢护技术 …………………………………………………………………… 090
　　三、注意事项 …………………………………………………………………… 092
 第五节　跌窝险情的抢护 ………………………………………………………… 093
　　一、抢护原则 …………………………………………………………………… 093
　　二、抢护技术 …………………………………………………………………… 093
　　三、注意事项 …………………………………………………………………… 094

## 第五章　堤坝决口的抢险技术 ………………………………………………… 096
 第一节　堤坝决口成因 …………………………………………………………… 096
　　一、裂缝造成决口 ……………………………………………………………… 096
　　二、滑坡、崩岸造成决口 ……………………………………………………… 097
　　三、漏洞或管涌造成决口 ……………………………………………………… 097
　　四、满溢造成决口 ……………………………………………………………… 097
　　五、涵管或闸门断裂造成决口 ………………………………………………… 097
 第二节　河堤决口口门处的水力学特性 ………………………………………… 098
　　一、口门流量 …………………………………………………………………… 098
　　二、口门水流速度 ……………………………………………………………… 099
　　三、河道水流受决口影响的范围 ……………………………………………… 099
 第三节　堵口抢险方法与堵口结构 ……………………………………………… 100
　　一、堵口方法分类 ……………………………………………………………… 100
　　二、堵口结构 …………………………………………………………………… 101
　　三、堵口工程辅助措施 ………………………………………………………… 104

## 目 录

### 第四节 堵口抢险技术实施步骤 ··· 110
- 一、用钢木土石组合坝技术封堵决口 ··· 110
- 二、用石笼技术堵口 ··· 113
- 三、抛石截流技术堵口 ··· 116
- 四、新型装配式快速堵口装置及其方法 ··· 117
- 五、混合技术堵口 ··· 131
- 六、构筑临时防洪堤 ··· 133

## 第六章 爆破技术在防汛抢险中的应用 ··· 134
### 第一节 爆破清障 ··· 134
- 一、桥梁爆破拆除 ··· 134
- 二、楼房爆破拆除 ··· 140

### 第二节 爆破法破堤分洪 ··· 146
- 一、爆破分洪的特点 ··· 146
- 二、爆破分洪的方案设计 ··· 147
- 三、爆破施工组织程序 ··· 152
- 四、液体炸药条形装药预埋管道爆破分洪 ··· 156

### 第三节 爆破法破冰防凌 ··· 159
- 一、冰盖的爆破 ··· 159
- 二、爆破法开设流冰路 ··· 161
- 三、流冰的爆破 ··· 162
- 四、冰坝的爆破 ··· 164

## 第七章 山洪泥石流应对措施 ··· 167
### 第一节 山洪的应对措施 ··· 167
- 一、山洪的定义 ··· 167
- 二、山洪灾害 ··· 168
- 三、诱发山洪及山洪灾害的因素 ··· 169
- 四、暴雨山洪产流和致灾过程 ··· 171
- 五、山洪灾害的防治 ··· 172

## 第二节　泥石流的应对措施 …… 176
一、泥石流的定义及特征 …… 176
二、泥石流的形成条件 …… 176
三、泥石流的危害 …… 178
四、泥石流种类 …… 178
五、防御泥石流灾害的总体对策 …… 179
六、防治泥石流的工程措施 …… 179
七、泥石流工程防治措施实例 …… 180

# 参考文献 …… 182

# 第一章 概 述

## 第一节 洪水与地理位置的关系

我国位于亚欧大陆东部，大部分地区受东南（太平洋）和西南（印度洋）季风影响，两季风为西太平洋副热带高压区提供丰富的水汽来源，这些水汽与北方南下冷空气接触，便形成连续的暴雨天气。

每年汛期由暴雨引发的洪涝灾害是中华民族的心腹大患。据《中国历史大洪水调查资料汇编》记载，自公元前 206 年至中华人民共和国成立的两千多年中，我国可考证的较大洪水灾害有 1 029 次。黄河决堤 1 000 余次，重大改道 26 次。中华人民共和国成立后的几次大洪水，如 1954 年的长江特大洪水，1963 年的海河特大洪水，1975 年的淮河大洪水，1991 年的江淮大洪水，1994 年的珠江大洪水，1995—1996 年湘、资、沅江和赣江大洪水，1998 年长江及松花江特大洪水，造成的经济损失均超过千亿。1998 年特大洪水，成灾面积达 1 378 万公顷，受灾人口达 2.3 亿，直接经济损失达 2 600 多亿元。

1998 年全国性特大洪灾之后，国家加大了对江河湖泊防汛堤坝治理的力度，使得 20 多年来未出现大流域的洪灾，但局部地区的洪灾仍导致多地发生大规模决口。2010 年 6 月 21 日，受强降雨影响，江西抚州唱凯堤灵山何家段抚河干流与干港汇合口处决口，决口宽度 348 m；决口后，淹没面积约 85.5 km$^2$，淹没区地面高程 28.4~35.4 m，淹没水深 2.5~4.0 m。实施堵口的原武警水电部队在当地有关部门和人民群众的支持与配合下，累计投入各类施工装备 300 余台套，出动武警官兵 400 余人，运输石料的车辆 9 000 车次，历时近 4 天完成决口封堵。2010 年 7 月 24 日，渭河支流陕西省华阴市罗夫河左堤排水干沟以北堤防出现漫堤决口，决口宽度超过 60 m，导致 6 人死亡、10 人失踪。2013 年 7 月

23日，黑龙江同江八岔乡段堤防也发生溃口，溃口长度超过200 m并快速发展到700多m。2013年8月16—17日，山东省新泰市连续两天集中强降雨，降雨最大的3小时为70年一遇，引发山洪，导致水库溢洪，河水暴涨，河岸决口65 m以上。2013年8月，台风"尤特"使得广东多地暴雨成灾。其中，持续降雨导致普宁市练江堤围多处溃决，加上海水倒灌，沿岸的22个村镇发生严重内涝，受灾人口70.5万人，多人死亡，堤防决口49处，长1.2 km，直接经济损失3.31亿元。

2016年3月入汛以后，我国气候异常复杂，全国平均降水量(346.1 mm)比常年同期偏多21.2%。暴雨过程多、强度大，南方出现20次区域性暴雨过程，为历史同期最多。加之厄尔尼诺现象的影响，截至2016年7月19日，我国长江流域湖北、安徽、湖南、江西、重庆、四川、江苏等10个省(市)遭受洪涝灾害，造成4 900多万人受灾，222人死亡或失踪，11万栋房屋倒塌，经济损失1 000亿元以上。2020年，我国气候年景偏差，主汛期南方地区遭遇1998年以来最重汛情，自然灾害以洪涝、地质灾害、风雹、台风灾害为主。7月，长江、淮河流域连续遭遇5轮强降雨袭击，长江流域平均降雨量(259.6 mm)较常年同期偏多58.8%，为1961年以来同期最多，并发生了3次编号洪水；淮河流域平均降雨量(256.5 mm)较常年同期偏多33%。受强降雨影响，淮河流域江河来水偏多1.5~2倍，长江中下游流域偏多4~6成，引发严重洪涝灾害。江淮两流域洪涝灾害造成安徽、江西、湖北、湖南、浙江、江苏、山东、河南、重庆、四川、贵州11省(市)3 417.3万人受灾，99人死亡，8人失踪，299.8万人紧急转移安置，144.8万人需紧急生活救助；3.6万间房屋倒塌，42.2万间不同程度损坏；农作物受灾面积357.98万 hm$^2$，其中绝收89.39万 hm$^2$；直接经济损失1 322亿元。同年8月，西南地区东部、四川盆地至陕西、甘肃等地连续出现多轮强降雨过程。其中，四川盆地中西部和甘肃南部降水量较常年同期偏多2~4倍，陕西西南部及云南偏多五成。强降雨引发长江上游发生特大洪水，三峡水库出现建库以来最大入库流量75 000 m$^3$/s，多地暴发山洪、泥石流等灾害。灾害造成四川、重庆、陕西、甘肃、云南5省(市)53市(州)852.3万人受灾，58人死亡，13人失踪，107.1万人紧急转移安置，8.3万人需紧急生活救助；2.3万间房屋倒塌，35万间不同程度损坏；农作物受灾面积33.11万 hm$^2$，其中绝收5.86万 hm$^2$；直接经济损失609.3亿元。

## 第二节 洪水与自然环境的关系

### 一、地势

我国的地势西高东低,按高度自东向西可概略分为三级阶梯。这种地势特点对全国降水以及水的分布有着重大影响。第三级阶梯为东部平原和丘陵地带,自北向南有松辽平原、华北平原、长江中下游平原和珠江三角洲平原。这一阶梯上空夏季风活动频繁,降雨量丰沛。第二级阶梯由内蒙古高原、黄土高原、云贵高原和阿尔泰山、天山、秦岭等山脉组成,其间有巨大的盆地如准噶尔盆地、塔里木盆地、四川盆地等。夏季风北缘可伸入这一阶梯的上空,大部分地区为多雨地带。第一级阶梯为青藏高原,高原内部水汽难以到达,降雨稀少。

我国是一个多山的国家,山脉走向可分为东—西走向、东北—西南走向、西北—东南走向、南—北走向四种类型。上空水汽输送受其影响,使我国降水形成大尺度带状分布特点。东—西走向的天山、秦岭、喜马拉雅山、南岭等山脉,形成了北疆山地多雨、秦岭以南湿润多雨、南岭以南降雨非常丰沛和喜马拉雅山南麓降雨特别丰沛等降水分布特点。东北—西南走向的大兴安岭、太行山和浙闽丘陵,造成了这些地区东南迎风坡降雨丰沛,特别是浙闽东部暴雨频繁的降水分布特点。南—北走向的横断山脉则阻挡来自孟加拉湾水汽的东进,其西侧降水明显大于东侧。

我国有近十分之一的国土位于江河正常洪水位以下。特别是七大江河的中下游地区,大多数是海拔不足 100 m 的冲积平原和低平的三角洲地带,易受洪涝灾害影响。

### 二、气候

我国位于世界上最大的陆地——亚欧大陆,濒临世界最大的海洋——太平洋。海陆分布、大气环流和地形三种因素综合作用,使大陆性季风现象复杂多变,成为我国气候最主要的特征。因季风缘故,我国大部分地区降水集中在每年 5—9 月。一般 6 月以前,副热带高压脊线在北纬 20 度以南,雨带 4 月份在华南形成。6 月中旬到 7 月中旬,副热带高压脊线北移到北纬 25 度附近,长江中下游地区进入雨季。7月中旬副热带高压脊线移至北纬30度附近,淮河以北广大北方地区进入雨季盛期。在季风季节中,各地还有可能出现暴雨。哈尔滨、西安、丽江一线以东,可以有100 mm以上的大暴雨发生。辽宁、河北、河南、四川盆地和东南沿海各省可出现200 mm以上的特大暴雨。东经100~105度以西基本上没有暴雨。8月下旬副热带高压南撤,雨带返回南方,我国东部地区雨季先后结束。

我国又是世界上受台风影响最大的国家之一,每年平均有6.4个台风在我国登陆。近30年来,我国台风最多的年份有12个,最少的年份也有3个。台风带来大风和暴雨,东南沿海地区洪水主要由之造成。台风或其他强风引起的海面异常升高形成的风暴潮也是重要的灾害。夏秋季台风引起的风暴潮,集中于东南和华南沿海;冬季寒潮大风引起的风暴潮,多发生在渤海湾和莱州湾。风暴潮可以淹没农田,摧毁码头,破坏沿岸的工程设施。2021年对我国造成重大影响的有第6号台风"烟花"、第7号台风"查帕卡"、第9号台风"卢碧"、第17号台风"狮子山"和第18号台风"圆规"等5个。

### 三、河流和湖泊

我国河流众多。流域面积在1 000 km² 以上的河流有2 221条,其中长江、黄河、淮河、海河、珠江、辽河、松花江被称为中国的七大江河;流域面积在50 km² 及以上的河流有45 203条,总长度为150.85万km。

长江干流自宜昌以上为上游段,落差大,峡谷深,水流湍急,这种状况直到三峡工程竣工才得以改善。从宜昌到江西湖口为中游段,地势低洼,江道弯曲,湖泊众多。从湖口到入海口为下游段,江宽水深,比降平缓,由于挟沙能力减弱,江道内形成大小不等数十处江心沙洲。长江属暴雨洪水河流,受洪水灾害的地区很广。长江上游暴雨成灾较为频繁和严重的地区是岷江、沱江、嘉陵江的中下游。云贵川山区常有泥石流、滑坡等灾害。

黄河自托克托县河口镇以上为上游段,从河口镇到小浪底以东的桃花峪为中游段,从桃花峪到入海口为下游段。中游段是黄河洪水泥沙的主要来源区。下游段因泥沙淤积,河床逐年抬高。黄河每年输沙16亿t,其中约4亿t泥沙淤积在下游河道,河床平均每年上升6~10 cm,形成地上悬河。黄河历来河患严重,2 600多年来记录有河患1 500余次,重大改道6次。黄河的洪灾除造成黄河中下游地区的重大损失外,还使淮河下游原天然入海口严重淤塞,加重了淮河的水患。黄河还有多处河段下游纬度高于上游,气温上暖下寒,加上局部河段上宽下窄,在结冰期和化冰期往往会产生冰塞、冰坝,造成凌汛。凌汛严重的河段有兰州至包头河段和黄河下游河段。

淮河流域包括淮河及沂河、沭河、泗河几个水系。由于自然气候条件和历史上黄河夺淮的影响,淮河流域洪涝灾害频繁。

海河水系包括漳卫、子牙、大清、永定、潮白、北运、蓟运、徒骇、马颊等河流。海河流域全年70%～80%的雨量集中在汛期,并常常集中为一场或几场暴雨,加上流域中部平原和滨海平原坡度平缓,暴雨时极易洪涝成灾。

珠江泛指由西江、北江、东江及珠江三角洲诸河组成的水系。珠江流域雨量丰沛,受台风影响严重,历史上也曾多次发生流域性洪水。

松花江由吉林省长白山主峰流向西北,经吉林市,在扶余市汇合嫩江后转向东北,流经哈尔滨、佳木斯至同江汇入黑龙江干流。夏秋季松嫩平原和松花江沿岸经常发生洪水和内涝。松花江下游也是由纬度较低处流向纬度较高处,冬春季也有发生凌汛的可能。

辽河水系包括西辽河、双台子河、外辽河、大辽河等河流。辽河中下游地势低洼,洪涝灾害频繁。

我国有天然湖泊24 000多个。常年水面面积为1 km² 及以上的湖泊2 865个,水面总面积7.80万km²(不含跨国界湖泊境外面积)。在江河重要水域的湖泊,如洞庭湖、鄱阳湖、太湖、洪泽湖、白洋淀、东平湖等,都在洪水期起到调洪、滞洪作用。同时也应该看到,我国湖泊的蓄水总量并不多,近代以来湖区淤积日益严重,加上人们大规模地盲目围垦、开发沿江河湖泊的洼地,致使许多湖泊的面积大幅度减少,严重影响湖泊原有的蓄洪能力。

## 第三节 洪灾的成因

### 一、气候因素

如前所述,由于地理位置的因素,大陆性季风成为我国气候的主要特征。降雨在时空上具有随机性：长江流域 3—6 月降雨约占全年 50%～60%，华北、东北 6—9 月降雨约占全年的 70%～80%。

主要的雨季为：华南雨季（主要分布在 4—6 月），江淮梅雨季（主要分布在 6 月中旬—7 月中旬），华北、东北盛夏暴雨（主要分布在 7—8 月），东部台风暴雨（主要分布在 7—9 月，占全年降雨量的 76%，甚至更多）。

## 二、人为因素

灾害总是与人类活动联系在一起的，在没有人类活动的地方，无论降水多少，都不会造成水旱灾害损失。在人口密度和产业结构与自然环境相适应的地区，出现的水旱灾害较少。形成灾害的人为因素主要体现在如下几个方面。

**1. 围湖造田、侵占河道严重**

在自然情况下，湖泊在春季湖面小一些，夏季湖面就大些；丰水年湖面大，枯水年湖面则小。为满足人口增加和社会发展的需要，有计划地少量开发利用湖泊周边淤积地带是可以的；但目前我国平原地区的湖泊已经围垦过度，其调节滞蓄洪水和容纳涝水的作用大大削弱，并因此造成了多次洪涝灾害。以洞庭湖为例：该湖原是一个通江湖泊，1825 年水面面积约 6 000 km$^2$，最大容积约 400 亿 m$^3$。随着人口的增加，陆续围垦成田，到 1949 年湖面缩小为 4 350 km$^2$，容积减为 293 亿 m$^3$；到目前湖面仅剩下 2 625 km$^2$，容积减为 174 亿 m$^3$。由于湖泊对洪水调蓄的能力降低，每年防汛形势非常紧张，有的年份还溃围淹地。1949—1983 年的 35 年中每年平均溃围淹地 27 万亩[①]。近年来在经济建设过程中，全国各地过多地围垦内湖现象较为突出，如湖南省境内围垸，20 世纪 60 年代内湖面积尚有 304 万亩，而现在内湖面积仅剩下 100 万亩，占现有围垸面积的 6.07%，因而内涝严重，1949—1983 年的 35 年间平均每年内涝成灾面积为 66 万亩。可见无论从防洪还是排涝来讲，围湖造田都已过度，成为引起洪灾的一个重要因素。

**2. 滥砍滥伐，加速了江河上游的水土流失**

森林植被是水土保持的重要依托。我国的森林覆盖率本来就较低，然而令

---

① 1 亩 = 1/15 hm$^2$。

人担忧的是,随着经济建设的发展,滥砍滥伐现象日益突出,大量森林植被遭到破坏,我国的森林覆盖率由20世纪50年代的40%锐减到90年代的不足20%,大量地表裸露。特别是天然森林面积的大幅度减少,使森林的生态防洪功能减退,水土流失面积急剧扩大。近年来我国积极践行习近平总书记提出的"绿水青山就是金山银山"发展理念,使情况有所好转,第九次全国森林资源清查(2014—2018年)结果显示,我国的森林覆盖率已达到22.96%,但这仍然不够。

我国是世界上水土流失最为严重的国家之一,水土流失面广量大。据第一次全国水利普查成果,我国的水土流失面积为294.91万 $km^2$,长江流域的水土流失面积达56万 $km^2$,占总流域面积的31.2%,年均土壤侵蚀总量达24亿t。水土流失的危害:一是冲毁土地,破坏良田。由于暴雨径流冲刷,沟壑面积越来越大,坡面和耕地越来越小。二是土壤剥蚀,肥力减退。由于水土流失,耕作层中有机质得不到有效积累,土壤肥力下降,裸露坡地一经暴雨冲刷,就会使含腐殖质多的表层土壤流失,造成土壤肥力下降。试验研究表明,当表层腐殖质含量为2%~3%时,如果流失土层1 cm,那么每年每平方千米的地上就要流失腐殖质200 t,同时带走6~15 t氮、10~15 t磷、200~300 t钾。水土流失对土壤的物理、化学性质以及农业生态环境带来一系列不利影响,它破坏土壤结构,造成耕地表层结皮,抑制了微生物活动,影响作物生长发育和有效供水,降低了作物产量和质量。三是水质污染,生态失调。水土流失加剧,导致江河湖(水库)水质受到严重污染,水生态环境受到影响。四是缩短航道,淤积湖泊、水库。由于上游流域水土流失,汇入河道的泥沙量增大,造成河道淤积阻塞,通航里程缩短,严重影响水利工程和航运安全。泥沙也会造成湖泊、水库淤积,减小了湖泊(水库)容量,降低其调蓄洪能力,一些水库甚至被迫报废,成了大型淤地坝。例如,由于上游水土流失,湖南省洞庭湖每年有1 400多 $hm^2$ 沙洲露出水面,湖面由1954年的3 915 $km^2$ 缩减到1978年的2 740 $km^2$。更为严重的是洞庭湖水面已高出湖周陆地3 m,这就丧失了其应承担的为长江分洪的作用。四川省的嘉陵江、涪江、沱江等流域水土流失也十分严重,约20%以上的泥沙淤积于水库。由此可见,水土流失的危害性不仅很大,而且还具有长期效应,必须引起高度重视。

**3. 土地垦殖率高,造成日趋严重的水土流失**

一定区域内耕地面积占土地总面积的比例,即为土地垦殖率。土地垦殖率表示一个国家或地区土地资源开发利用的程度。由于中国各地宜农土地资源和土地开发历史不同,地区间土地垦殖率的差异很大。在平原、盆地和三角洲地带,土地垦殖率高,一般在30%以上。在干旱、高寒地区,土地垦殖率较低,一般在10%以下。按大区统计,华东区土地垦殖率最高,为31.7%;西北区最低,为5.3%。按省(区、市)看,垦殖率最高的是河南省、山东省,垦殖率为49.0%;最低的是西藏自治区,垦殖率为0.3%。

从中国具体情况看,开垦荒地、提高土地垦殖率在历史上曾经解决了一大批人民群众的生活问题,也为开发边疆、巩固国防、繁荣民族地区经济等发挥了重要作用。但是,在开垦过程中,由于生产力水平不高和环保认识不足,人们对土地实行了掠夺性开垦,片面强调粮食产量,忽视了因地制宜的农林牧综合发展,把原本只适合林、牧业的土地也辟为农田,破坏了生态环境,加重了水土流失。另外,一些基本建设也不符合水土保持要求。例如,不合理地修筑公路、建厂、挖煤、采石等,破坏了植被,使边坡稳定性降低,引发滑坡、塌方、泥石流等严重的地质灾害。因此,在我国山地占绝大多数的自然条件下,过高的土地垦殖率会造成日趋严重的水土流失,破坏地面完整,降低土壤肥力,造成土地荒漠化、沙化等土地功能退化,不仅威胁国家粮食安全、生态安全、饮水安全、防洪安全和城镇安全,制约了山丘区经济社会发展,还增加了洪涝灾害发生的频率,加重了损失。

为此,党中央、国务院历来高度重视水土保持工作,自1991年《中华人民共和国水土保持法》颁布实施以来,全国累计有38万个生产建设项目制定并实施了水土保持方案,防治水土流失面积超过15万 km²。但是大规模开发建设导致的人为水土流失问题仍十分突出,水土保持作为我国生态文明建设的重要组成部分,其发展水平与城镇化、信息化、农业现代化和绿色化等一系列新要求还不能完全适应,与广大人民群众对提高生态环境质量的新期待还有一定差距,而且水土流失加剧洪涝干旱等自然灾害的发生、发展,导致部分地区群众生活水平不高,生产条件较落后,阻碍经济社会的可持续发展。因此,水土流失依然是我国当前面临的重大生态环境问题。

**4. 人口增长的影响**

长期以来我国人口集中在东部沿海地区和自然条件较好的农业地带,如长江中下游平原、珠江三角洲、华北平原、东北平原、四川盆地等。从黑龙江黑河至云南腾冲的连线（胡焕庸线）以东，占全国面积40%多的地区，分布着90%多的人口，是我国经济发达的地区。这些人口密集、经济发达地区的地面高程全处于洪水位以下，恰恰也是受洪涝灾害威胁最大的地区。清代以来我国人口增加很快，1640年为1.43亿，1840年为4.13亿，1949年为5.42亿，2011年已超过13亿，2020年全国第七次人口普查数据为14.1亿。目前我国人均耕地面积不足世界平均水平的40%。人口膨胀，人类的生产、生活等活动的影响，加大了对水土资源和自然环境的破坏，也加重了洪灾的危害程度。

**5. 城镇化的影响**

城镇化是世界各个国家共同的发展趋势。我国作为最大的发展中国家，农业人口占很大比重。改革开放以来，我国的城镇化水平提高很快。城市地区地面的主要特征是流域部分集水面积为不透水表面，如街道、屋顶、停车场等。以北京为例，近郊区不透水地面占总面积的77%，市中心繁华区不透水地面则占近90%，造成地面径流系数急剧增大。加上城市排水系统建设往往滞后于城市开发，因此暴雨之后的严重内涝灾害在许多大中城市屡见不鲜。

城镇化的发展趋势，必然导致大量城镇化地区防洪标准的提高，从而加重防汛抢险和建设防汛体系的任务。城市的防汛抢险既有人力物力充足和科技力量较强的优势，又有一旦出险则灾害发展快、损失大的特点。

**6. 战争的影响**

战争中"水攻""以水代兵"的策略古而有之。历史上早在春秋时期就有水攻的记载，战国时群雄割据，水攻战例屡见不鲜，也出现了关于防水攻的论著，如《墨子·备水》等。公元前359年，楚国攻打魏国时曾决黄河堤，以水淹长垣城。公元514年梁攻北魏，梁武帝决定在淮海干流筑"浮山堰"以水淹寿阳。两年后浮山堰完工，当时坝长9里[①]，下宽140丈[②]，上宽45丈，高20丈。但几个月后，淮水暴涨，堰溃决，水声如雷，三百里外都能听到，沿淮10万余人死亡。1642年李自成军围困开封，两军先后在黄河决堤，造成开封全城毁灭。近代的事件如1938年蒋介石为阻日寇，炸开郑州花园口大堤，使豫、皖、苏1 200多万人民和

---

[①] 1里=500 m
[②] 1丈=10尺（南朝1尺=0.255 m，今1尺=1/3 m）

1 000多万亩土地遭受洪水袭击,泛区长达 400 km,宽 30~80 km,死亡 89 万人。

### 三、地震灾害的影响

地震灾害发生时,常常可能伴随着水灾、滑坡、泥石流和海啸等次生灾害。有时一些次生灾害可能比地震造成的直接灾害还要大。例如,1933 年四川迭溪(今叠溪)发生 7.5 级地震,造成的山体滑坡在岷江中形成两道天然水坝和四个湖泊,其中 8 月地震时死亡 500 余人;而 10 月间由于大海子坝体在水流作用下垮坝,溃坝水头高达 20 丈,茂县、汶川、灌县因洪水死亡共 2 万多人;洪水还将都江堰渠首工程摧毁。又例如,1959 年国家组织有关科技人员对新丰江水库地区的地震活动及地震地质工作进行了研究,作出了水库蓄水后可能发生中强地震的估计。有关方面根据这个估计对新丰江水库大坝按八度要求进行了抗震加固。1962 年 3 月 19 日这个地区发生了 6.1 级地震,大坝抗住了地震,取得了抗御地震灾害的效果。2008 年四川汶川特大地震,形成多个堰塞湖。另外,地震还常常造成水库坝体不同程度的破坏受损。

## 第四节　洪水险情基础知识

### 一、洪水类型

我国幅员辽阔,气候、地形、地貌等特性复杂多样,影响洪水形成过程的人类经济社会活动情况也不一样,因而形成多种类型、各具特点的洪水。从西部的崇山峻岭,到东部的广袤平原,可能发生各种类型洪水的地区约占国土面积的 70% 以上。

按洪水成因,我国的洪水可分为暴雨洪水、风暴潮洪水、融冰融雪型洪水和冰凌型洪水等类型。在受洪水影响的地区,各种类型的洪水或其组合有一定的时空分布规律,其中以暴雨洪水发生最为频繁,影响范围最为广大,危害也最为严重。全国多年平均 400 mm 等降雨量线与多年平均年最大 24 小时降雨量为 50 mm 的等值线基本一致,分布在自云南腾冲至黑龙江呼玛一线,该线以东地区的洪水主要由暴雨和沿海风暴潮形成,北方地区的一些河流也可能出现冰凌洪水;该线以西地区的洪水则以融冰融雪洪水、局部地区暴雨洪水(如山洪)以及

# 第一章 概　述

融雪与暴雨形成的混合型洪水为主。

**1. 暴雨洪水**

暴雨及流域下垫面条件决定了暴雨洪水的特性。总的说来，我国暴雨洪水有以下两个特点。

一是洪水发生频繁。就全国范围而言，主要江河在20世纪的100年间共发生频率10%～20%的洪水213次，平均每年超过2次，且每2年可能发生一次频率5%～10%的洪水，每3年左右就可能发生一次频率5%以上的较大洪水或大洪水。

二是洪峰高、洪量集中。中国特殊的气候条件，加上江河上中游山区集水面积广大，支流发育，汇流迅速，下游河道位于冲积平原，比降平缓，泄水不畅，且干支流洪水极易遭遇，使得中国不少江河洪水洪峰高涨，洪量集中，大洪水和特大洪水年的洪峰流量和洪水量往往数倍于正常年份。

另外，台风带来的暴雨及其形成的灾害也成为我国的主要水患之一。太平洋生成的台风，据统计有24%在我国登陆，每年至少2个台风对我国造成很大的影响。

**2. 融雪洪水**

融雪洪水是由积雪融水和冰川融水为主要补给来源所形成的洪水。我国有稳定季节性积雪区约420万 $km^2$，主要分布在青藏高原、阿尔泰山、天山、祁连山、兴安岭和长白山区。最大积雪深度，西部高山地区可达80～90 cm，东北东部和北部可达40～50 cm；大部分地区积雪深度较小，一般为20～30 cm。融雪洪水一般发生在4—6月份，由于积雪厚度不大，融雪洪水过程涨落平缓，洪水造成的灾害损失相对较小。

我国有永久积雪区即现代冰川5.87万 $km^2$，冰水总储量约51 300亿 $m^3$，主要分布在西藏、新疆、青海、甘肃等省区。冰川洪水一般出现在7—8月份，洪水过程变化缓慢，流量与气温有明显同步关系。在特殊气温条件下，也可能产生突发性冰川洪水，如冰湖冰坝突然溃决，形成突发性洪水，洪峰陡涨陡落，对局部地区产生较大的破坏。冰川洪水主要分布在天山中段北坡的玛纳斯地区，天山西段南坡的木扎提河、台兰河，喀喇昆仑山脉的喀拉喀什河、叶尔羌河，祁连山西部昌马河、党河，以及喜马拉雅山北坡雅鲁藏布江部分支流。

我国西北部高寒山区一些有冰川和融雪补给的河流，因春夏强烈降水和雨催雪化形成雨雪混合洪水，在缓慢涨落的洪水过程中突然增加峰形尖瘦的暴雨洪水，往往形成山区河流的较大春汛。每年4—5月，新疆阿尔泰和东北一些河流面临融雪洪水的威胁。

**3. 冰凌洪水**

在我国东北、华北和西北地区，有些河流或河段从低纬度流向高纬度，冬春季节由于上下游封冻和解冻时序的差异，易形成冰塞或冰坝，使江河水位陡涨，造成河水泛滥。黄河内蒙古河段、山东河段和松花江依兰河段是发生冰凌最严重的河段。冰凌洪水的特征是流量不大但水位很高。每年的2月末黄河上中游将面临冰凌洪水的威胁。

**4. 溃坝洪水**

溃坝洪水是指大坝或其他挡水建筑物发生瞬时溃决，水体突然涌出，给下游地区造成灾害。这种溃坝洪水虽然范围不太大，但破坏力很大。此外，山区发生地震时，有时山体崩滑，阻塞河流，形成堰塞湖。一旦堰塞湖溃决，也会形成类似的洪水。这种堰塞湖溃决形成的地震次生水灾的损失，往往比地震本身所造成的损失还要大。

**5. 风暴潮**

我国大陆海岸线全长约1.8万km，几乎均可受到风暴潮的袭击。风暴潮灾害是海洋灾害、气象灾害及暴雨洪水灾害的综合性灾害，突发性强、风力大、波浪高、增水强烈、高潮位持续时间长。风暴潮引起潮位高涨，引发强度较大暴雨，严重威胁沿海地区的安全，并常常与江河洪水遭遇，导致江水排泄不畅，引发沿海地区的洪灾，造成沿海地区重大经济损失和生命损失。据统计，在我国沿海登陆的台风平均每年约7个，东南部沿海是遭受台风侵袭并引发风暴潮最严重的地区，韩江口、珠江口、雷州半岛东部、海南省东北部和广西沿海是受台风风暴潮侵袭最严重的海岸段。平均每年在广东沿海登陆的台风约3.5个，在海南登陆的台风约2.1个，在广西沿海登陆的台风约2年1个，在福建、浙江、上海等省市登陆的台风也约2年1个。我国沿海风暴潮导致的水灾损失约占同期全国水灾总损失的19%，仅次于暴雨洪水形成的洪涝灾害。

## 二、洪水三要素

水文学中关于洪水特征的描述有所谓"洪水三要素",通常包括洪峰流量、洪水总量及洪水历时,三者关系如图1-1所示。

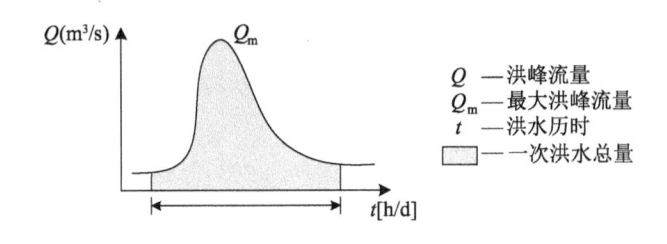

**图1-1 洪水三要素的关系示意图**

洪水是一个过程,每次洪水过程都可以分为涨水段、洪峰段和退水段三个阶段。洪水过程线的形状是两头低中间高,像山峰,所以习惯上把洪水过程称为洪峰。当发生暴雨或融雪时,在流域各处所形成的径流,都依其远近先后汇入河槽,这时河水流量开始增加,水位相应上涨。随着汇入河网的径流从上游向下游汇集,河水流量继续增大。当流域大部分高强度的径流汇入时,河水流量增至最大值,此时的流量称为洪峰流量,单位为 $m^3/s$。

洪水总量简称"洪量",即洪水在一定历时内从流域出口断面流出的总水量。一次洪峰从起涨至回落到原状所经历的时间称为洪水历时,单位为 h 或 d。

此外,洪水过程还涉及洪峰水位、洪水传播时间、输沙量等概念。洪峰水位是指每次洪水在某断面的最高水位。洪峰传播时间是指河流洪水的洪峰从一个断面传播到另一个断面的时间。输沙量是指在一定时段内通过河道某断面的泥沙质量或体积。

## 三、我国的洪水特点

(1) 形成面广。我国流域面积在 1 000 $km^2$ 以上的河流有 2 221 条,遍布全国各地。总流域面积约占国土面积 64%。

(2) 持续时间长。每年 2—10 月,我国须接受洪灾的考验。在这数月中,珠江流域、长江中下游、淮河流域、四川盆地、黄河流域和海河流域,受季风影响相继进入主汛期。

(3) 破坏力强。洪水易引发堤防重大险情——溃堤、决堤、垮坝,通常会造成农田淹没或城市内涝等大面积涝灾,或冲毁道路、桥梁、民房、电力及通信设施,损毁水利设施等。

(4) 抢护难度大。险情发生在时间和空间上具有随机性。很多灾区交通不便,抢险力量难以及时到位;灾害往往突然发生,很多情况下瞬间成灾;且天灾自然力巨大,很多情况下人力无法抗拒。

## 第五节 防洪体系

我国历朝历代都将防治洪水作为治国安邦的大事,最著名的有大禹治水。中华人民共和国成立后,党和政府十分重视防洪工作,对江河进行大规模治理,逐渐形成了现代防洪体系。现代防洪体系主要包括防洪工程体系(拦洪、蓄洪、滞洪和分洪等)和防洪非工程体系(防洪法令、防洪政策、洪水调度系统、洪水预报系统等)。数十年来,我国先后颁布了一系列防洪相关法律法规,建立了各级管理指挥机构,具体履行防洪抢险组织管理等职责。

### 一、防洪工程设施

(1) 堤防与河道整治。截至 2020 年底,全国已建成 5 级及以上江河堤防 32.8 万 km,这些堤防保护着 6.3 亿亩耕地和 6.5 亿人口,是我国防洪安全的主要屏障。我国还对长江、淮河、海河等主要江河进行了河道治理。每年仅在长江沿岸进行的护岸治理长度即达到 1 200 km。此外,还调整扩大了淮河、海河入江、入海通道。

但从总体上说,我国江河堤防的防洪工程标准还普遍偏低,例如,1998 年前长江中下游干流堤防的防洪标准只有 10～20 年一遇。1998 年大洪水后,国家加大投资、加强管理,干堤加固工程取得显著成绩。按照水利部《关于加强长江近期防洪建设的若干意见》要求,全流域的防洪重点——荆江河段可以防御百年一遇的洪水,基本可确保长江中下游干流及洞庭湖、鄱阳湖的安全。但是,经济建设越发展,对防洪建设的要求就越高,加上我国江河治理难度很大、水利工程历史欠账多,因而江河堤防防洪标准偏低的问题在短时间内暂时无法完全解决。

(2) 蓄滞洪区。目前长江、黄河、淮河、海河、珠江和松花江流域中下游平原已建立了98处重要蓄滞洪区,总面积3.45万 km²,总蓄洪容积约1 000亿 m³。区内有人口近1 800万人,耕地近3 000万亩。目前蓄滞洪区存在的问题主要有:区内安全设施严重不足,只能解决区内1/4~1/3人口的临时避险;区内经济发展迅速,分洪损失很大;缺少按时按量准确分洪的技术设施,大部分要靠难以控制分洪流量的爆破方式分洪;分洪后的补偿政策不够完善。

(3) 水库。目前我国已建成9.8万余座大、中、小型水库,总库容达9 323.12亿 m³。这些水库在历年防洪中发挥了重要作用。但1998年大洪水中也暴露出不少问题,有1/4的大中型水库、2/5的小型水库属病险工程,需要进一步加强水库管理和进行病险水库加固。

(4) 水土保持。水土流失导致江河湖库淤积,加剧了洪涝灾害。1949年以前,我国基本上没有水土保持工作。中华人民共和国成立后,我国积极开展水土保持工作,至20世纪90年代初已初步治理水土流失面积近6 000万 hm²,占水土流失总面积的36%。但与此同时,由于不合理的土地利用方式、森林不断遭受砍伐以及在开发建设中忽视水土保持,在相当长的时期内我国的水土流失面积有增无减。1998年大洪水后,国务院决定在长江、黄河中上游地区全面停止天然林采伐,恢复生态植被,减少水土流失,防治地质灾害。到2010年,人为水土流失恶化趋势已基本遏止。2019年水利部完成全国水土流失动态监测工作,结果表明:我国水土流失状况持续好转,生态环境整体向好态势进一步稳固,水土流失实现面积强度"双下降"、水蚀风蚀"双减少"。数据显示,2019年水土流失面积为271.08万 km²,较2018年减少2.61万 km²,减幅0.95%。与2011年第一次全国水利普查数据相比,水土流失面积减少了23.83万 km²,总体减幅8.08%,平均每年以近3万 km²的速度减少。

## 二、防洪非工程措施

(1) 防汛指挥调度通信系统。目前可供水利部门使用的微波通信干线有15 000余 km,微波站500余个。这个通信网以国家防汛抗旱总指挥部办公室为中心,连接七大流域管理机构、21个重点省市防汛指挥部。同时在长江、黄河、淮河等江河的一些重点河段,建成了融防汛信息收集传输、水情预报、调度决策为一体的通信系统。还在多个重点蓄滞洪区建立了通信报警系统和信息反馈系统。

(2) 水文站网和预报系统。截至 2020 年,我国基本建成空间分布基本合理、监测项目比较齐全、测站功能相对完善的水文监测站网体系,实现了对大江大河及其主要支流、有防洪任务的中小河流水文监测全面覆盖。当前,我国水文测站从中华人民共和国成立之初的 353 处发展到 12.1 万处,其中国家基本水文站 3 154 处,地表水水质站 14 286 处,地下水监测站 26 550 处,水文站网总体密度达到了中等发达国家水平。全国已有 6 个流域机构和 20 个省(区、市)出台了水情预警发布管理办法,制定了 700 多个主要江河重要断面的预警指标,全国 170 条主要江河的 1 700 多个水文站和重点大型水库可制作发布洪水预报成果,有效增强了群众防灾避险意识,减轻了灾害损失。

(3) 洪水预报和警报系统。在洪水到来之前,可利用实时水文气象资料,进行综合处理,作出洪峰、洪量、洪水位、流速、洪水到达时间、洪水历时等洪水特征值的预报。1998 年抗洪抢险中,长江洪水预报系统对多次洪峰预报的洪峰水位与实际值仅相差几厘米,松花江哈尔滨站洪峰水位的预见期达到 9 天。洪水预报和水库调度相结合,在抗洪抢险中可以发挥重大作用。例如,对于 1998 年长江第六次洪峰,在准确预报的基础上,通过葛洲坝水利枢纽和隔河岩水库调度拦蓄,削减洪峰流量 6 100 $m^3/s$,降低沙市水位 0.49 m。

(4) 蓄滞洪区管理。通过政府颁发法令或条例,对蓄滞洪区土地开发利用、产业结构、工农业布局、人口等进行管理,为蓄滞洪区的使用准备好条件。制定撤离计划、设立各类洪水标志、制定安置救济预案,以便在紧急情况下将处于洪水威胁地区的人员和主要财产安全撤出并保障正常生活。

(5) 河道管理。根据有关法令、条例保障河道行洪通畅。对河道范围内建筑物修建、地面开挖、土地利用等进行管理,纠正违法行为。2003 年,浙江省长兴县在全国率先实行河长制。2016 年 12 月,中共中央办公厅、国务院办公厅印发了《关于全面推行河长制的意见》,并发出通知,要求各地区各部门结合实际认真贯彻落实。截至 2018 年 6 月底,全国 31 个省(自治区、直辖市)已全面建立河长制,共明确省、市、县、乡四级河长 30 多万名,另有 29 个省份设立村级河长 76 万多名,打通了河长制"最后一公里"。

## 三、洪水资源利用

2021年,我国水资源总量为296 382亿 m³,其中地表水资源量为28 310.5亿 m³,居世界第六位。但我国人均水资源量只有世界人均水资源量的四分之一,每公顷平均水资源量只有世界每公顷平均水资源量的四分之三。我国水资源的时空分布严重不均,由于大陆性季风气候,我国水资源年内分布很不均匀,年际变化也很大。以江苏省为例,江苏一方面面临洪水威胁,"九五"期间全省共排泄洪水1 100亿 m³,另一方面水资源相对紧缺,"九五"期间共抗旱翻水561亿 m³。

近20年来,一些专家学者提出洪水也是重要的水资源的观点,将把洪水安全送入大海的工程水利观念改变为兼顾洪水利用的资源水利观念,才更符合绿色生态理念。一些地方正在践行由洪水防御向洪水管理跨越的工作目标。以资源水利的观念进行洪水管理,必将对防洪工程建设和防洪非工程措施的发展带来深远影响。以工程建设为例,除了要继续建设江河堤防外,还要增加分流洪水工程、洪水回灌工程、河道串联工程等。防汛抢险过程中,也应同时考虑分泄洪水的保存和利用。

## 四、防汛抢险法规、标准

依法治水是我国水利建设和防汛抗洪工作的基本方针。自20世纪80年代以来,我国水利法治建设有了较快发展,颁布了《中华人民共和国水法》《中华人民共和国水土保持法》《中华人民共和国防洪法》《中华人民共和国河道管理条例》《水利部关于蓄滞洪区安全与建设指导纲要》《水库大坝安全管理条例》《中华人民共和国防汛条例》等一系列与防汛抗洪有关的法律法规。国家有关部门还先后发布了一系列与防汛抗洪有关的国家标准和行业(部门)标准。其中《防洪标准》(GB 50201)、《堤防工程设计规范》(GB 50286)、《堤防工程施工规范》(SL 260)、《堤防工程地质勘察规程》(SL 188)等为强制性标准。而《堤防工程管理设计规范》(SL/T 171)和《水利水电工程土工合成材料应用技术规范》(SL/T 225)等为推荐性标准。

《中华人民共和国防洪法》(以下简称《防洪法》)是规范防洪全过程的综合性法律。《防洪法》中包括总则、防洪规划、治理与防护、防洪区和防洪工程设施的管理、防汛抗洪、保障措施、法律责任和附则共八章65条。《中华人民共和国防汛条例》(以下简称《防汛条例》)中包括总则、防汛组织、防汛准备、防汛与抢险、善后工作、防汛经费、奖励与处罚和附则共八章49条。这两部法律法规中明文规定:"中国人民解放军和武装警察部队是防汛抗洪的重要力量","中国人民解放军、中国人民武装警察部队和民兵应当执行国家赋予的抗洪抢险任务","有防汛任务的县级以上地方人民政府设立防汛指挥部,由有关部门、当地驻军、人民武装部负责人组成,由各级人民政府首长担任指挥","各级人民政府防汛指挥部汛前应当向有关单位和当地驻军介绍防御洪水方案,组织交流防汛抢险经验。有关方面汛期应当及时通报水情"。多年的抗洪抢险实践表明,人民解放军和武警部队历来是抗洪抢险的主力军和中流砥柱,承担着急、难、险、重的任务。1998年的抗洪斗争中,共有40余万官兵投入抗洪抢险斗争。军队发扬"一不怕苦,二不怕死"的革命精神和不怕疲劳、连续作战的作风,从坚守荆江大堤到抢堵九江决口,从会战武汉三镇到防守洞庭湖区,从保卫大庆油田到决战哈尔滨,哪里最危险、哪里任务最艰苦,哪里就有人民子弟兵。人民解放军和武警官兵为党和人民建立了新的历史功勋。

《防洪法》于1998年1月1日正式实施,在当年的抗洪抢险中就显示了巨大的威力。1998年的防汛抗洪中,先后有湖北、湖南、江西、安徽、江苏、黑龙江等六个省依据《防洪法》和《防汛条例》采取了一系列有力措施:宣布进入紧急防汛期;组织广大军民进行抗洪抢险;清除阻水障碍,对江河封航;经铁路、公路、民航紧急调运防汛物资;对有违反《防洪法》行为的单位和个人进行处罚等。《中华人民共和国水法》等其他法律法规也都在不同的范围内,对与防汛抢险有关的事宜作出了规定。

《防洪标准》《堤防工程设计规范》等国家标准和行业标准,进一步对防汛抢险技术提出了一系列强制性或推荐性要求。在2014年修订的《防洪标准》中,将防护对象分为防洪保护区、工矿企业、交通运输设施、电力设施、环境保护设施、通信设施、文物古迹和旅游设施、水利水电工程等类型;同时考虑我国现阶段的社会经济条件,按照具有一定防洪安全度、承担一定风险、经济上基本合理、技术上切实可行的原则,对各类防护对象分级规定了用洪水重现期表示的防洪标准。防洪标准确定后,防护对象的相应设计洪水应根据其所在地区实测和调查得到的暴雨、洪水等水文资料进行分析研究确定。由于分析确定过程比较复杂,现在还没有根据防洪标准及相应水文资料确定设计洪水的国家统一标准。《防洪标准》中对保证设计洪水分析计算成果质量的主要环节作出了规定。

所谓防洪标准,是指防护对象防御洪水能力的大小。分为两类:一是确保水库大坝等水工建筑物自身安全的防洪标准;二是保障防护对象免除一定洪水灾害的防洪标准。防洪标准通常用洪水的重现期来表示,如 50 年一遇、100 年一遇等。

防洪标准是修建防洪工程的重要依据。它取决于以下因素。

(1) 安全程度和防洪要求以及防洪工程投资大小。

通常需要根据防护地区的重要性、工程规模、历次洪水灾害情况及政治、经济等条件综合分析确定。对洪水泛滥后会造成特别严重灾害的城市、工矿区、重要的交通线和重要粮棉基地,其防洪标准应适当提高。

(2) 往往一条河流的不同河段、不同地区,可以有不同的防洪标准,视具体情况而定。

防洪标准具体以河道内的几个常用水位来控制,即设防水位、警戒水位、保证水位,三者的关系如图 1-2 所示。

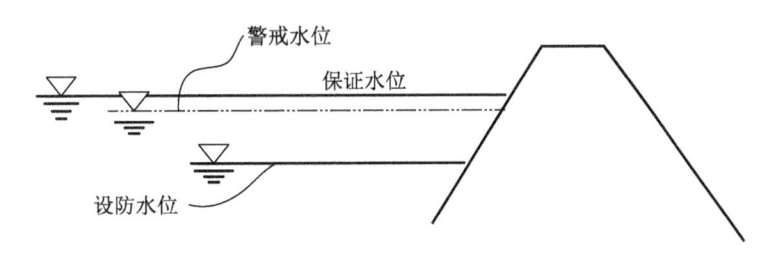

图 1-2　三种常用水位的关系示意图

设防水位是指汛期河道堤防已经开始进入防汛阶段的水位,江河洪水漫滩以后堤防开始临水,需要防汛人员巡查防守。设防水位由防汛部门根据历史资料和堤防的实际情况确定。

警戒水位是指江、河、湖泊水位上涨到河段内可能发生险情的水位,一般来说,有堤防的大江大河多取决于洪水普遍漫滩或重要堤段水浸堤脚的水位,是堤防险情可能逐渐增多时的水位。警戒水位是防汛部门根据长期防汛抢险的规律、保护区重要性及河道洪水特性等有关因素,经分析研究并上报核定,它也是我国防汛部门规定的各江河堤防需要处于防守戒备状态的水位。洪水到达该水位时，堤防防汛进入重要时期，这时，防汛部门要加强戒备，密切注意水情、工情、险情发展变化，在防守堤段或区域内增加巡逻查险次数，开始日夜巡查，由有关领导组织带领防汛队伍上堤参加防汛，做好防洪抢险人力、物力的准备，并要做好可能出现更高水位的应对准备工作。

保证水位是堤防设计洪水水位，或取为历史上防御过的最高洪水水位。保证水位高于警戒水位，但低于堤防设计最高安全水位。它是防洪工程所能保证安全运行的水位，防汛部门根据江河堤防情况规定防汛安全的上限水位。保证水位是以河流曾经出现的最高水位为依据，考察上下游关系、干支流关系以及保护区的重要性等因素，进行综合分析、合理拟定，并经上级主管机关批准。当洪水位接近或到达这一水位时，防汛部门要保证堤防的安全，使工程在度汛方案及防洪调度上完全处于安全防御地位。

堤防在防汛抢险中进入紧急状态的重要标志之一，是临水侧洪水水位达到保证水位。《防洪法》规定，当洪水水位接近保证水位时，有关县级以上人民政府防汛指挥机构可以宣布进入紧急防汛期。在紧急防汛期，防汛指挥机构根据防汛抗洪的需要，有权在其管辖范围内调用物资、设备、交通运输工具和人力，决定采取取土占地、砍伐林木、清除阻水障碍物和其他必要的紧急措施；必要时，公安、交通等有关部门按防汛指挥机构的决定，依法实施陆地、水面交通管制。

《堤防工程管理设计规范》和《水利水电工程土工合成材料应用技术规范》等标准，规定了在洪水水位时堤防渗流稳定计算、抗滑稳定计算的方法，推荐了在防汛抢险中使用土工合成材料抢护各种险情的技术方案。

**五、防汛指挥机构**

防汛抗洪是一项关系社会全局的重大问题。1949年后，在治理江河、兴建防汛抗洪工程的同时，我国防汛的机构设置也不断完善，它们为我国的防汛抗洪事业作出了很大贡献。

《防洪法》规定，国务院设立国家防汛指挥机构，负责领导、组织全国的防汛抗洪工作，其办事机构设在国务院水行政主管部门。在国家确定的重要江河、湖泊可以设立由有关省、自治区、直辖市人民政府和该江河、湖泊的流域管理机构负责人等组成的防汛指挥机构，指挥所管辖范围内的防汛抗洪工作，其办事机构设在流域管理机构。有防汛抗洪任务的县级以上地方人民政府设立由有关部门、当地驻军、人民武装部负责人等组成的防汛指挥机构,在上级防汛指挥机构和本级人民政府的领导下,指挥本地区的防汛抗洪工作,其办事机构设在同级水行政主管部门;必要时,经城市人民政府决定,防汛指挥机构也可以在建设行政主管部门设城市市区办事机构,在防汛指挥机构的统一领导下,负责城市市区的防汛抗洪日常工作。

各地还按专业队、常备队、预备队、抢险队分类组建了防汛队伍。专业队由堤、库、坝的管理和养护人员组成;常备队是群众性防汛组织的基本形式,由防汛地区的青壮年居民组成;预备队是防汛的后备力量,当防御较大洪水或紧急抢险时,为补充加强常备队的力量而组建的,人员条件和距离范围更宽一些;抢险队由群众防汛队伍中选拔出的有抢险经验、体格强壮的人员组成,发生险情时配合专业队抢险。1997年国家防总办公室在全国七大江河重点堤段组建了15支防汛机动抢险队,在汛情紧张时以军事建制集中,作为快速反应分队随时待命。我军也已经把抗洪抢险列为重要的非战争军事行动。2000年以来,总参谋部在全国主要江河流域范围内,先后确定了19支工程兵部队为抗洪抢险专业应急部队,执行汛期急、难、险、重的抗洪抢险任务。

## 第六节 国外防洪减灾技术方略

### 一、防洪减灾决策及其演变

20世纪西方国家防洪方针以工程措施为主。近十几年来,世界范围内水灾损失的急剧增加,表明以工程措施为主的防洪减灾方略是不全面的。通过对洪水在经济、社会等多方面的灾害分析,人类认识到:人类社会的发展应该适应自然规律,因而防洪不应单纯地控制自然态洪水,其措施也不能局限于兴建水利工程。21世纪防洪战略的目标就是要对易受水害地区的生活方式进行调整,使经济布局更加适应防洪形势和水资源条件,防洪减灾逐步实现由工程措施阶段→非工程措施阶段→社会化阶段的演变,并最终建立防洪减灾的社会化体系。

## 二、防洪减灾工程措施

通过工程建筑来改变不利于防洪的自然条件,以减少洪泛的机会和灾害损失,是防洪减灾的基础。世界各国采取的防洪工程措施主要有修建水库,修筑或加固防洪堤、防洪墙。

美国为保护位于洪泛区内的城市采取了修建堤防、防洪墙、水库或利用高地和洪泛区的天然容蓄能力截流洪水等措施;对于重要基础设施,如供水和污水处理厂、发电厂、重要公路和桥梁等,则通过抬高基础高程等措施来加以保护;对于处于低洼地带的建筑物,则将之迁移至较为安全的地区。

瑞士、法国、德国等西欧国家的防洪减灾工程措施包括:采取河道改造措施保障或提高河道的过洪能力;增加流域地表储水入渗能力;恢复滞洪区,以降低洪峰流量;对流域内支流实施裁直变弯回归自然的改造措施,延长洪水在支流的滞留时间,减少主河道洪峰流量。

## 三、防洪减灾非工程措施

防洪减灾非工程措施主要包括洪水预报和警报、洪水风险分析、防洪区管理、防洪保险和自适应设施等。主要相关做法如下。

（1）美国:加强减灾指挥机构建设和重视地方政府作用,建立社会减灾行政管理体系和法律体系,合理确定防洪工程标准,实施洪水保险政策,实现洪水预警系统与应急反应系统的集权管理等。

（2）澳大利亚:以水资源实时监控与调度系统为基础,开发洪水预报系统,准备泄洪计划;通过遥感勘测、雷达、卫星数据,预测上游汇流区和支流来水流量;对主要河流和洪泛区的流量线路进行水动力学模拟,利用GIS显示洪水的范围并发出预警信号,估计最终的洪水损失;进行洪水预报系统的实时试验及水库运行模拟,以保证合适的蓄水量而不致发生洪灾;不断完善水利模型并与雷达、卫星及其他降雨预报工具相连,提供实时气象和水文信息,为洪水管理与控制提供依据。

（3）法国:将防洪战略重点转移至研究河谷地区的可持续发展,重视研究洪水的预警系统,并通过制作河流水力模型,准确确定维护不好的河道地段,根据水利模型提供的信息及社会、经济风险的大小,重新制定预警系统程序;经常组织防洪抢险演练等。

(4) 其他国家

① 在国土规划、城建中确定土地使用和工程建设时,事先考虑洪水因素,各类建设规划与河流整治统一考虑,增强风险意识,降低洪灾风险。

② 改善洪水预报模型与预报质量,延长洪水预警时间,进一步完善洪水预报预警系统。

③ 发展有效的农耕方式,增加绿地面积,减少水土流失和地表径流,预留洪水淹没区,植树育林,保护森林,削减洪水量。

### 四、当前防洪减灾的技术研究

网络卫星通信技术、遥感技术、地理信息技术、无人机技术已广泛应用于防洪减灾领域,有助于完善防洪决策指挥系统及灾害信息管理系统,建立健全洪水风险管理及灾害应急管理方法,采取有效措施做好灾后恢复与重建工作,并以此逐步推动减灾社会化体系的建立。

与此同时,在今后一段时间内,河道清淤技术、抢险技术、堵口技术、堤防防渗技术、大规模营救技术和隐患探测技术仍将为世界各国所重视。

# 第二章
# 堤防险情判别与安全性评估

## 第一节　险情的分类和安全评估

堤防险情一般可分为漏洞、管涌（泡泉、翻砂鼓水）、渗水（散浸）、穿堤建筑物接触冲刷、漫溢、风浪、滑坡、崩岸、裂缝和跌窝等。正确判别堤防险情，才能进行科学有效的抢护，取得抢险成功。在防汛抢险中，对于险情处置所采取的措施，应科学准确。险情重大，如果未给予充分重视，就可能贻误战机，造成险情恶化。反之，如果对轻微险情投入了大量的人力、物力，待到发生较大或严重险情时，就可能人困马乏、物料短缺，也会酿成严重后果。因此有必要对险情进行恰当的分类，对堤防进行安全评估，区别险情的轻重缓急，以便采取适当有效的措施进行抢护。

### 一、险情的分类

**1. 漏洞**

漏洞即堤身的集中渗流通道。在汛期高水位下，堤防背水坡或堤脚附近出现横贯堤身或堤基的渗流孔洞，俗称漏洞。根据出水清浊可分为清水漏洞和浑水漏洞。如漏洞出浑水，或由清变浑，或时清时浑，则表明漏洞正在迅速扩大，堤防有发生蛰陷、坍塌甚至溃口的危险。因此，若发生漏洞险情，特别是浑水漏洞，必须慎重对待，全力以赴，迅速进行抢护。

**2. 管涌**

汛期高水位时，堤基中的砂性土在渗流力作用下被水流不断带走，形成管状渗流通道的现象，即为管涌，也称泡泉或翻砂鼓水等。出水口冒砂并常形成"砂环",故又称砂沸。在黏土和草皮固结的地表土层,有时管涌表现为土块隆起,称为"牛皮包",又称鼓泡。管涌一般发生在背水坡脚附近地面或较远的潭坑、池塘或洼地,多呈孔状冒水冒砂。出水口孔径小的如蚁穴,大的可达几十厘米。个数少则一两个,多则数十个,称作管涌群。

管涌险情必须及时抢护,如不抢护,任其发展下去,就可能把地基下的砂层淘空,导致堤防骤然塌陷,造成堤防溃口。

### 3. 渗水

高水位下浸润线抬高,背水坡出逸点高出地面,引起土体湿润或发软、有水逸出的现象,称为渗水,也叫散浸或泅水,是堤防较常见的险情之一。当浸润线抬高过多,出逸点偏高时,若无反滤保护,就可能发展为冲刷、滑坡、流土,甚至陷坑等险情。

### 4. 穿堤建筑物接触冲刷

穿堤建筑物与土体接合部位,由于施工质量问题,或不均匀沉陷等因素发生开裂、裂缝,形成渗水通道,造成接合部位土体的渗透破坏。这种险情造成的危害往往比较严重,应给予足够的重视。

### 5. 漫溢

江河堤防不允许洪水漫顶过水,但当遭遇超标准洪水等原因时,就会漫溢过水。漫溢时水流冲刷堤坝,削弱堤体,往往就会导致堤防溃决。

### 6. 风浪

汛期江河涨水后,水面加宽,堤前水深增加,风浪也随之增大,堤防临水坡在风浪的连续冲击淘刷下,易遭受破坏。风浪对堤防的破坏,轻者使临水坡淘刷成浪坎,重者造成堤防坍塌、滑坡、漫溢等险情,使堤防遭受严重破坏,甚至溃决成灾。

### 7. 滑坡

堤防滑坡俗称脱坡,是边坡失稳下滑造成的险情。开始在堤顶或堤坡上产生裂缝或蛰裂,随着裂缝的逐步发展,主裂缝两端有向堤坡下部弯曲的趋势,且主裂缝两侧往往有错动。根据滑坡范围,一般可分为深层滑动和浅层滑动。堤身与基础一起滑动为深层滑动,堤身局部滑动为浅层滑动。前者滑动面较深,滑动面多呈圆弧形,滑动体较大,堤脚附近地面往往被推挤外移、隆起;后者滑动范围较小,滑裂面较浅。以上两种滑坡都应及时抢护,防止继续发展。堤防滑坡通常先由裂缝开始,如能及时发现并采取适当措施,则其危害往往可以减轻。否则,一旦出现大的滑动,就将造成重大险情。

### 8. 崩岸

崩岸是在水流冲刷下临水面土体崩落的险情。当堤外无滩或滩地极窄时,崩岸将会危及堤防的安全。堤岸被强环流或高速水流冲刷淘深,岸坡变陡,使上层土体失稳而崩塌。当崩塌主体呈条形,其岸壁陡立时,称为条崩;当崩塌体在平面和断面上为弧形阶梯,崩塌的长、宽和体积远大于条崩时,称为窝崩,如1996年1月江西九江长江干堤马湖段和1998年湖北省长江干堤石首段均出现了窝崩。发生崩岸险情后应及时抢护,以免影响堤防安全,造成溃堤决口。

### 9. 裂缝

堤防裂缝按其出现的部位可分为表面裂缝、内部裂缝;按其走向可分为横向裂缝、纵向裂缝、龟纹裂缝;按其成因可分为沉陷裂缝、滑坡裂缝、干缩裂缝、冰冻裂缝、振动裂缝。其中以横向裂缝和滑坡裂缝危害性最大,应加强监视监测,及早抢护。堤防裂缝是常见的一种险情,也可能是其他险情的先兆。因此,对裂缝应给予足够的重视。

### 10. 跌窝

俗称陷坑。一般在大雨过后或在持续高水位情况下,堤防突然发生局部塌陷。陷坑在堤顶、堤坡、戗台(平台)及堤脚附近均有可能发生。这种险情既破坏堤防的完整性,又有可能缩短渗径,有时是由管涌或滑坡等险情造成的。

## 二、堤防险情程度的评估

堤防在汛前要进行安全评估,其目的是把汛前的险情调查、汛期的巡查与安全评估相结合,以便判断出险情的严重程度,使领导和参加防汛抢险的人员做到心中有数,同时便于按险情的严重程度,区别轻重缓急,安排除险加固。

安全评估的内容和方法一般包括:

(1) 对堤防(包括距河岸 100 m 范围内)的地形测量应隔几年进行一次,在汛前完成,对前后两次测量结果进行对比分析;

(2) 对堤身、堤基的土质进行室内外试验,确定其物理力学指标;
(3) 对重点险工险段进行稳定计算和沉降计算;
(4) 检查护坡、护岸的完整性;
(5) 对上述四个方面的资料进行综合分析。

将安全评估的资料与险情调查、汛期巡查的资料归纳分析后,确定险情的严重程度。在长江流域,有的省把险情分为三类:一类是险象尚不明显;二类是险情较重,且有继续发展趋势;三类是险情十分严重,在很短时间内,有可能造成严重后果。但是各种险情都是随着时间的推移而变化的,很难进行定量的判断。为便于险情程度划分并促进险情程度划分的规范化,表2-1给出了堤防工程险情程度划分的参考意见,把各类险情划分为重大险情、较大险情和一般险情三种情况,建议适用于Ⅰ~Ⅲ级堤防。

表2-1 堤防工程险情程度划分参考表

| 险情分类 | 险情分级 | | |
| --- | --- | --- | --- |
| | 重大险情 | 较大险情 | 一般险情 |
| 漏洞 | 贯穿堤防的漏水洞 | 尚未发现漏水的各类孔洞 | — |
| 管涌 | 距堤脚的距离小于15倍水位差(或100 m以内),出浑水,计算的水力坡降大于允许坡降 | 距堤脚100~200 m,出浑水,出水口直径较大,出水量较大 | — |
| 渗水 | 渗浑水或渗清水,但出逸点较高 | 渗较多清水,出逸点不太高,有少量砂粒流动 | 渗清水,出逸点不高,无砂粒流动 |
| 穿堤建设物接触冲刷 | 刚性建筑物与土体接合部位出现渗流,出口无反滤保护 | — | — |
| 漫溢 | 各种险情 | — | — |
| 风浪 | 风浪淘刷或浪坎10~20 cm | — | — |
| 滑坡 | 深层滑坡或较大面积的浅层滑坡,计算的安全系数小于允许值 | 小范围浅层滑坡 | — |
| 崩岸 | 主流顶冲严重,堤脚附近无滩地,或滩地较窄且崩岸发展较快 | 堤脚附近有一定宽度的滩地,且崩岸发展速度不快 | — |
| 裂缝 | 贯穿性横缝 | 纵向裂缝 | 浅层裂缝,或缝宽较细,或长度较短 |

续表

| 险情分类 | 险情分级 |||
|---|---|---|---|
| | 重大险情 | 较大险情 | 一般险情 |
| 跌窝 | 经鉴定与渗水、管涌有直接关系，或坍塌持续发展，或坍塌体积较大，或沉降值远大于计算的允许值 | 背水侧有渗水、管涌 | 背水侧无渗水、管涌，或坍塌不发展，或坍塌体积小、坍塌位置较高 |

重大险情如不及时采取措施，往往会在很短时间内造成严重后果。因此，如有重大险情发生，应迅速成立抢险专业组织（如成立抢险指挥部），分析判断险情和出险原因，研究抢险方案，筹集人力、物料，立即全力以赴投入抢护。有的险情，虽然不会马上造成严重后果，也应根据出险情况进行具体分析，预估险情发展趋势。如果人力、物料有限且险情没有发展恶化的征兆，可暂不处理，但应加强观察，密切注视其动向。有的险情只需要进行简单处理，即可消除险象的，应视情况进行适当处理。总之，一旦发现险情，就应将险情消除在萌芽状态。

## 第二节　漏洞、管涌、渗水险情的判别

### 一、漏洞险情的判别

**1. 漏洞产生的原因**

漏洞产生的原因是多方面的，一般说来有如下几种。

（1）由于历史原因，堤身内部遗留有屋基、墓穴、阴沟、暗道、腐朽树根等，筑堤时未清除。

（2）堤身填土质量不好，未夯实，有土块或架空结构，在高水位作用下，土块间部分细料流失。

（3）堤身中夹有砂层等，在高水位作用下，砂粒流失。

（4）堤身内有白蚁、蛇、鼠、獾等动物洞穴，在汛期高水位作用下，平时的淤塞物被冲开，或因渗水沿隐患、松土串连而成漏洞。

（5）在持续高水位条件下，堤身浸泡时间长，土体变软，更易促成漏洞的生

成,故有"久浸成漏"之说。

(6) 位于老口门和老险工部位的堤段、复堤接合部位处理不好或贯穿裂缝处理不彻底,一旦形成集中渗漏,即有可能转化为漏洞。

发生在堤脚附近的漏洞,很容易与一些基础的管涌险情相混淆,这样是很危险的。1998 年汛期武汉丹水池堤段就有类似情况发生,幸好在堤防临水侧及时发现了进水口,否则若一直当管涌抢险,其后果将不堪设想。

**2. 漏洞险情的判别**

(1) 漏洞险情的特征

从上述漏洞形成的原因及过程可以知道,漏洞贯穿堤身,使洪水通过孔洞直接流向背水侧(如图 2-1 所示)。漏洞的出口一般发生在背水坡或堤脚附近,其主要有以下表现形式。

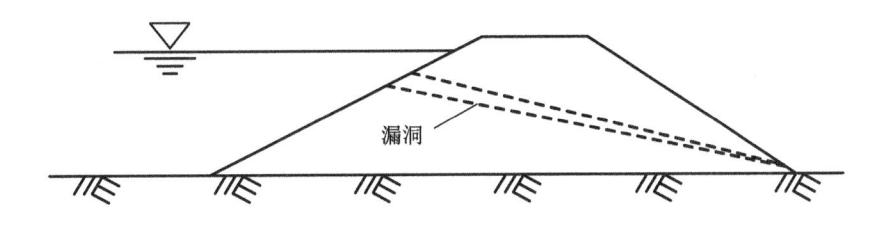

图 2-1 漏洞险情示意图

① 漏洞开始时因流水量小,堤土很少被冲动,所以漏水较清,叫作清水漏洞。此种情况一般伴有渗水的发生,初期易被忽视。但只要查险仔细,就会发现漏洞周围"渗水"的水量较其他地方大,此时就要引起特别重视。

② 漏洞一旦形成,出水量会明显增加,且渗出的水多为浑水,因而被湖北等地形象地称为"浑水洞"。漏洞形成后,洞内形成一股集中水流,使漏洞迅速扩大。由于洞内土的崩解、冲刷,出水水流时清时浑,时大时小。

③ 漏洞险情的另一个表现特征是水深较浅时,漏洞进水口的水面上往往会形成漩涡,所以在背水侧查险发现渗水点时,应立即到临水侧查看是否有漩涡产生。这也是实践中区别漏洞和管涌的最明显特征。管涌在临水侧不存在明显的进水口,因而没有漩涡现象。

(2) 漏洞险情的探测

① 水面观察。漏洞形成初期,进水口水面有时难以看到漩涡。可以在水面

上撒一些漂浮物,如纸屑、碎草或泡沫塑料碎屑,若发现这些漂浮物在水面打漩或集中在一处,即表明此处水下有漏洞。

② 潜水探漏。漏洞进水口如水深流急,水面看不到漩涡,则需要潜水探摸。潜水探摸是有效的探测漏洞的方法。由体魄强壮、游泳技能高强的青壮年担任潜水员,上身穿戴井字皮带,系上绳索由堤上人员掌握,以策安全。探摸方法:一是手摸脚踩;二是用一端扎有布条的杆子探测,如遇漏洞,洞口水流吸引力可将布条吸入,使杆子移动困难。

③ 投放颜料观察水色(适宜水流流速相对小的堤段)。在可能出现漏洞且水浅流缓的堤段分段分期分别撒放石灰或其他易溶于水的带色颜料,如高锰酸钾等,记录每次投放时间、地点,并设专人在背水坡漏洞出水口观察,如发现出水口水流颜色改变,记录好时间,即可判断漏洞进水口的大体位置和水流流速大小。再改变投放颜料的颜色,进一步缩小投放范围,即可较准确地找出漏洞进水口。

④ 电法探测。如条件允许可在漏洞险情堤段采用电法探测仪进行探查,以查明漏水通道,判明埋深及走向。

## 二、管涌险情的判别

在渗流水作用下土颗粒群体运动,称为"流土";填充在骨架空隙中的细颗粒被渗水带走,称为"管涌"。通常将上述两种渗透破坏统称为管涌。

**1. 管涌险情产生的原因**

管涌形成的原因是多方面的。一般说来,由于河道形成的历史原因,堤防基础多如图 2-2 所示,上层是相对不透水的黏性土或壤土,下面是粉砂、细砂,再下

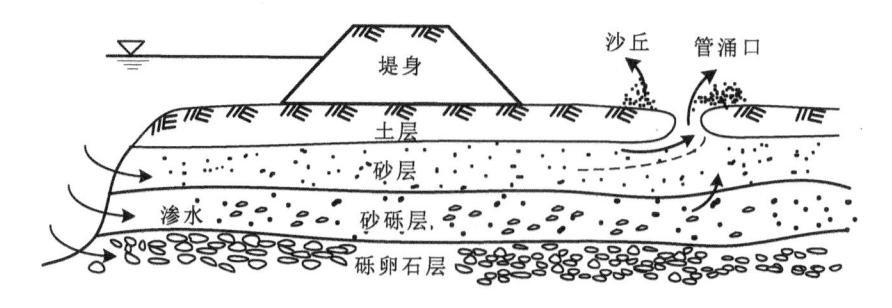

图 2-2 管涌险情示意图

面是砂砾卵石等强透水层,并与河水相通。在汛期高水位时,由于强透水层渗透水头损失很小,堤防背水侧数百米范围内表土层底部仍承受很大的压力。如果这股水压力冲破了黏土层,在没有反滤层保护的情况下,粉砂、细砂就会随水流出,从而发生管涌。

堤防背水侧的地面黏土层不能抗御水压力而遭到破坏的原因大致有以下几种。

(1) 洪水水位提高,渗水压力增大,堤防背水侧地面黏土层厚度不够。

(2) 历史上溃口段内黏土层曾遭受破坏,复堤后,堤防背水侧留有渊潭,渊潭中黏土层较薄,易导致管涌发生。

(3) 历年在堤防背水侧取土加培堤防,将黏土层挖薄。

(4) 建闸后渠道挖方及水流冲刷将黏土层减薄。

(5) 在堤防背水侧钻孔或勘探爆破孔封闭不实,或一些民用井位置和结构不当,均会形成渗流通道。如:1995 年荆江大堤柳口堤段,距背水侧堤脚数百米的地方因钻孔封填不实,汛期发生了管涌;1998 年汛期,湖北省公安县及江西省九江市均存在因民用井位置和结构不当而出现险情的情况。

(6) 由于其他原因将堤防背水侧表土层挖薄。

**2. 管涌险情的判别**

管涌险情的严重程度一般可根据管涌口离堤脚的距离、涌水浑浊度及带砂情况、管涌口直径、管涌水量、洞口扩展情况和涌水水头等加以判别。由于抢险的特殊性,目前都是凭有关人员的经验来判断。具体操作时,管涌险情的危害程度可从以下几方面加以判别。

(1) 管涌一般发生在背水堤脚附近地面或较远的坑塘洼地。距堤脚越近,其危害性就越大。一般以距堤脚 15 倍水位差范围内的管涌最危险,在此范围以外的次之。

(2) 有的管涌点距堤脚虽远一点,但随着管涌不断发展,即管涌口径不断扩大,流量不断增大,带出的砂越来越粗,越来越多,这也属于重大险情,需要及时抢护。

(3) 有的管涌发生在农田或洼地中,多是管涌群,管涌口内有砂粒跳动,似"煮稀饭",涌出的水多为清水,这种险情稳定,可加强观测,暂不处理。

(4) 管涌发生在坑塘中,水面会出现翻花鼓泡,水中带砂、色浑,有的由于水较深,水面只能看到冒泡,此时可潜水探摸,看是否有凉水涌出或在洞口形成砂环。需要特别指出的是,由于管涌险情多数发生在坑塘中,初期难以发现,因此在荆江大堤加固设计中曾采用填平背水侧 200 m 范围内水塘的办法,有效地控制了管涌险情的发生。

(5) 堤背水侧地面隆起(牛皮包、软包)、膨胀、浮动和断裂等现象也是产生管涌的前兆,只是当时水的压力不足以顶穿上覆土层。随着江河水位的上涨就有可能顶穿,因而对这种险情要高度重视并及时处理。

### 三、渗水险情的判别

渗水俗称"散浸""散渗"等。其主要表现特征是:在汛期或持续高水位的情况下,江湖水通过堤身向堤内渗透。由于堤身土料选择不当、堤身断面单薄或施工质量等方面的原因,渗透到堤内的水较多,浸润线相应抬高,使得堤背水坡出逸点以下土体湿润或发软,有水渗出,称为渗水。

**1. 渗水险情产生的原因**

堤防产生渗水的主要原因有:

(1) 超警戒水位持续时间长;

(2) 堤防断面尺寸不足;

(3) 堤身填土含砂量大,临水坡又无防渗斜墙或其他有效控制渗流的工程措施;

(4) 由于历史原因,堤防多为民工挑土而筑,填土质量差,没有正规的碾压,有的填筑时含有冻土、团块和其他杂物等;

(5) 堤防的历年培修,使堤内有明显的新老接合面存在;

(6) 堤身隐患,如蚁穴、蛇洞、暗沟、易腐烂物、树根等。

**2. 渗水险情的判别**

渗水险情的严重程度可以从渗水量、出逸点高度和渗水的浑浊情况等三个方面加以判别,目前常从以下几个方面区分险情的严重程度。

(1) 堤防背水坡严重渗水或渗水已开始冲刷堤坡,使渗水变浑浊,有发生流土的可能,证明险情正在恶化,必须及时进行处理,防止险情的进一步扩大。

(2) 渗水是清水,但如果出逸点较高(黏性土堤防不能高于堤坡的 1/3,而对于砂性土堤防，一般不允许堤身渗水），易产生堤背水坡滑坡、漏洞及陷坑等险情，则要及时处理。

（3）因堤防浸水时间长，在堤防背水坡出现渗水，渗水出逸点位于堤脚附近，为少量清水，经观察并无发展，同时水情预报水位不再上涨或上涨不大时，可加强观察，注意险情的变化，暂不处理。

（4）其他原因引起的渗水。通常与险情无关，如堤背水坡水位以上出现渗水，系由雨水、积水排除造成。

应当指出的是，许多渗水的恶化都与雨水的作用关系甚密，特别是填土不密实的堤段渗水易引起堤身凹陷。在降雨过程中应密切注意渗水的发展，避免一般渗水险情转化为重大险情。

## 第三节　接触冲刷、漫溢及风浪险情的判别

### 一、接触冲刷险情的判别

**1. 接触冲刷险情产生的原因**

接触冲刷险情产生的原因主要有：

（1）与穿堤建筑物接触的土体回填不密实；

（2）建筑物与土体接合部位有生物活动；

（3）止水齿墙（槽、环）失效；

（4）一些老的箱涵断裂变形；

（5）超设计水位的洪水作用；

（6）穿堤建筑物的变形引起接合部位不密实或破坏等；

（7）土堤直接修建在卵石堤基上；

（8）堤基土中层间系数太大的地方，如粉砂与卵石间也易产生接触冲刷。该类险情可以结合管涌险情来考虑，这里仅讨论穿堤建筑物的接触冲刷险情。

**2. 接触冲刷险情的判别**

汛期穿堤建筑物处均应有专人把守，同时新建的一些穿堤建筑物应设有安

全监测点,如测压管和渗压计等。汛期只要加强观测,及时分析堤身、堤基渗流压力变化,即可分析判定是否有接触冲刷险情发生。没有设置安全监测设施的穿堤建筑物,可以从以下几个方面加以分析判别。

(1) 查看建筑物背水侧渠道内水位的变化,也可做一些水位标志进行观测,帮助判别是否产生接触冲刷。

(2) 查看堤防背水侧渠道水是否浑浊,并判定浑水是从何处流进的,仔细检查各接触带出口处是否有浑水流出。

(3) 建筑物轮廓线周边与土体接合部位处于水下,可能在水面产生冒泡或浑水,应仔细观察,必要时可进行人工探摸。

(4) 接触带位于水上部分,在接合缝处(如八字墙与土体接合缝)有水渗出,说明墙与土体间产生了接触冲刷,应及早处理。

## 二、漫溢险情的预测

**1. 漫溢险情发生的主要原因**

(1) 实际发生的洪水超过了河道的设计标准。河道设计标准一般是准确而具权威性的,但也可能因为水文资料不够、代表性不足或制定者认识上的原因,使设计标准定得偏低,有形成漫溢的可能。这种超标准洪水的发生属非常情况。

(2) 堤防本身未达到设计标准。这可能是由于投入不足,堤顶未达设计高程,也可能因地基软弱,夯填不实,沉陷过大,使堤顶高程低于设计值。

(3) 河道严重淤积、过洪断面减小并对上游产生顶托,使淤积河段及其上游河段洪水位升高。

(4) 河道上人为建筑物阻水或盲目围垦,减少了过洪断面,或河滩种植增加了糙率,影响了泄洪能力,使洪水位增高。

(5) 防浪墙高度不足,波浪翻越堤顶。

(6) 河势的变化、潮汐顶托以及地震等引起水位增高。

**2. 漫溢险情的预测**

对已达防洪标准的堤防,当水位已接近或超过设计水位时,或对尚未达到防洪标准的堤防,当水位已接近堤顶,仅留有安全超高富余时,应运用可能的一切手段,适时收集水文、气象信息,进行水文预报和气象预报,分析判断更大洪水到来的可能性以及水位可能上涨的程度。为防止洪水可能的漫溢溃决,应根据准确的预报和河道的实际情况,在更大洪峰到来之前抓紧时机,尽全力在堤顶临水侧部位抢筑子埝。

一般根据上游水文站的水文预报,通过洪水演进计算的洪水位准确度较高。没有水文站的流域,可通过上游雨量站网的降雨资料,进行产汇流计算和洪水演进计算,作洪峰和汇流时间的预报。目前气象预报已具有了相当高的准确度,能够估计洪水发展的趋势,从宏观上提供加筑子埝的决策依据。

大江大河平原地区行洪需历经一定时段,这为决策和抢筑子埝提供了宝贵的时间,而山区性河流汇流时间就短得多,抢护更为困难。

### 三、风浪险情发生的原因

(1) 堤前水面宽深,风向与吹程一致,风大浪高,对堤坡具有强大的冲击力。

(2) 高水位时船舶航行产生的波浪会危及堤坡安全。

(3) 波浪往返爬坡运动,会发生真空作用,使临水堤坡面产生负压,坡面土料、护坡缝隙下级配不良的垫层颗粒遭到水流冲击和淘刷,引起堤坡坍塌,严重的甚至溃决成灾。

(4) 堤身质量不高,土质差,碾压不实,护坡薄弱,垫层不合要求,堤坡抗冲能力差。

(5) 风浪爬高增加水面以上堤身的饱和范围,降低了土体的抗剪强度。

一旦波浪越顶漫溢,极易造成堤防溃决。因此,对风浪险情必须高度重视。

## 第四节　滑坡、崩岸、裂缝及跌窝险情的判别

### 一、滑坡险情的判别

**1. 滑坡险情产生的原因**

(1) 临水坡发生滑坡的原因

① 堤脚滩地迎溜顶冲坍塌,崩岸逼近堤脚,堤脚失稳引起滑坡。

② 水位快速消退时,堤身土中孔隙暂时仍充满了水,但由于外部水已退去,

容重由大于浮密度的饱和密度决定,土体重力增加,堤坡滑动力加大,同时在渗流作用下,抗滑力减小,堤坡失去平衡而滑坡。

③ 汛期风浪冲毁护坡,浸蚀堤身引起局部滑坡。

(2) 背水面滑坡的主要原因

① 堤身渗水饱和而引起滑坡。通常在设计水位以下,堤身的渗水是稳定的。而在汛期洪水位超过设计水位或接近设计水位时,堤身的抗滑稳定性降低或达到最低值,再加上其他一些原因,最终导致滑坡。

② 遭遇暴雨或长期降雨引起滑坡。汛期水位较高,堤身的安全系数降低,如遭遇暴雨或长时间连续降雨,堤身含水程度进一步加大,特别是对于已产生了纵向裂缝(沉降缝)的堤段,雨水沿裂缝很容易地渗透到堤防的深部,裂缝附近的土体因浸水而软化,强度降低,最终导致滑坡。

③ 堤脚失去支撑而引起滑坡。堤脚是堤防滑坡的薄弱地段,平时不注意堤脚保护,更有甚者,在堤脚下挖塘,或未将紧靠堤脚的水塘及时回填等,容易使堤脚失去支撑而发生滑坡。

**2. 滑坡险情的预兆**

(1) 堤顶与堤坡出现纵向裂缝

汛期一旦发现堤顶或堤坡出现了与堤轴线平行而较长的纵向裂缝时,必须高度警惕,仔细观察,并做必要的测量,如测缝长、缝宽、缝深、缝的走向及缝隙两侧的高差等,必要时要连续数日进行测量并做详细记录。出现下列情况时,发生滑坡的可能性很大:

① 裂缝左右两侧出现明显的高差,其中离堤中心远的一侧低,而靠近堤中心的一侧高;

② 裂缝开度继续增大;

③ 裂缝的尾部走向出现了明显的向下弯曲的趋势,如图 2-3 所示;

④ 从发现第一条裂缝起,在几天之内与该裂缝平行的方向相继出现数道裂缝;

⑤ 发现裂缝两侧土体明显润湿,甚至发现裂缝中渗水。

(2) 堤脚处地面变形异常

滑坡发生之前,滑动体已经沿着滑动面移动,在滑动体的出口处,滑动体与

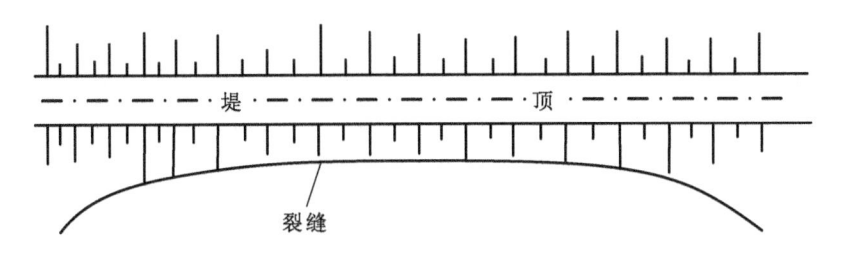

**图 2-3　滑坡前裂缝两端明显向下弯曲**

非滑动体相对变形突然增大，使出口处地面变形出现异常。一般情况下，滑坡前出口处地面变形异常情况难以发现。因此，在汛期，特别是在洪水异常大的汛期，在重要堤防，包括软基上的堤防和曾经出现过险情的堤防堤段上，应临时布设一些观测点，及时对这些观测点进行观测，以便随时了解堤防坡脚及其附近地面变形情况。当发现下列情况时，预示着可能发生滑坡。

① 堤脚或堤脚附近出现隆起。可以在堤脚或离堤脚一定距离处打一排或两排木桩，测这些木桩的高程或水平位移来判断堤脚处隆起和水平位移量。

② 堤脚下某一范围内明显潮湿，变软发泡。

(3) 临水坡前滩地崩岸逼近堤脚

汛期或退水期，堤防前滩地在河水的冲刷、涨落作用下，常常发生崩岸。当崩岸逼近堤脚时，堤脚的坡度变陡，压重减小。这种情况一旦出现，极易引起滑坡。

(4) 临水坡坡面防护设施失效

汛期洪水位较高，风浪大，对临水坡坡面冲击较大。一旦某一坡面处的防护被毁，风浪直接冲刷堤身，使堤身土体流失，发展到一定程度也会引起局部的滑坡。

## 二、崩岸险情的判别

**1. 崩岸的成因**

崩岸险情发生的主要原因是：水流淘刷、冲深堤岸坡脚。崩岸与河势关系紧密，在河流的弯道，主流逼近凹岸，深泓紧逼堤防。在水流侵袭、冲刷和弯道环流的作用下，堤外滩地或堤防基础逐渐被淘刷，使岸坡变陡，上层土体失稳而最终崩塌，危及堤防。

此外，为了整治河道、控导河势，与险工相结合，在河道的关键部位常建有垛

（短丁坝、矶头）、丁坝和顺坝等。由于这些工程的阻水作用，其附近常会形成回流和漩涡，导致局部冲刷深坑，进而产生窝崩，从而使这些垛、丁坝的自身安全受到威胁。

**2. 崩岸险情的预兆**

崩岸险情发生前，堤防临水坡面或顶部常出现纵向或圆弧形裂缝，进而发生沉陷和局部坍塌。因此，裂缝往往是崩岸险情发生的预兆。必须仔细分析裂缝的成因及其发展趋势，及时做好抢护崩岸险情的准备工作。

必须指出，崩岸险情的发生往往比较突然，事先较难判断。它不仅常发生在汛期的涨、落水期，在枯水季节也时有发生；随着河势的变化和控导工程的建设，原来从未发生过崩岸的平工也会变为险工。因此，凡属主流靠岸、堤外无滩、急流顶冲的部位，都有发生崩岸险情的可能，都要加强巡查，加强观察。

勘查分析河势变化，是预估崩岸险情发生的重要方法。要根据以往上下游河道险工与水流顶冲点的相关关系和上下游河势有无新的变化，分析险工发展趋势；根据水文预报的流量变化和水位涨落，估计河势在本区段可能发生变化的位置；综合分析研究，判断可能的出险河段及其原因，做好抢险准备。

**3. 崩岸险情的探测**

探测护岸工程前沿或基础被冲深度，是判断险情轻重和决定抢护方法的首要工作。一般可用探水杆、铅鱼从测船上测量堤防前沿水深，并判断河底土石情况。通过多点测量，即可给出堤防前沿的水下断面图，以大体判断堤脚基础被冲刷的情况及抛石等固基措施的防护效果。与全球定位系统（GPS）配套的超声波双频测深仪法是测量堤防前沿水深和绘制水下断面地形图的先进方法，在条件许可的情况下，可优先选用。因为这一方法可十分迅速地判断水下冲刷深度和范围，以赢得抢险时间。

在情况紧急时，可采用人工水下探查的方法，大致了解冲坑的位置和深度、急流漩涡的部位以及水下护脚破坏的情况，以便及时确定抢护的方法。

## 三、裂缝险情的判别

**1. 险情的分类**

（1）按裂缝产生的成因可分为不均匀沉陷裂缝、滑坡裂缝、干缩裂缝、冰冻裂缝、振动裂缝。其中,滑坡裂缝是比较危险的。

(2) 按裂缝出现的部位可分为表面裂缝、内部裂缝。表面裂缝容易引起人们的注意,可及时处理。而内部裂缝是隐蔽的,不易发现,往往危害更大。

(3) 按裂缝走向可分为横向、纵向和龟纹三种裂缝。其中横向裂缝比较危险,特别是贯穿性横缝,是渗流的通道,属重大险情。即使不是贯穿性横缝,由于它的存在缩短了渗径,易造成渗透破坏,也属较重大险情。

**2. 裂缝的成因**

引起堤防裂缝的原因是多方面的,归纳起来,主要有以下几个方面。

(1) 不均匀沉降。堤防基础土质条件差别大,有局部软土层或堤身填筑厚度相差悬殊,引起不均匀沉陷,产生裂缝。

(2) 施工质量差。堤防施工时土堤土料为黏性土且含水量较大,失水后引起干缩或龟裂,这种裂缝多数为表面裂缝或浅层裂缝,但北方干旱地区的堤防也有较深的干缩裂缝;筑堤时,填筑土料夹有淤土块、冻土块、硬土块;碾压不实,以及新老堤接合面未处理好,遇水浸泡饱和时易出现各种裂缝,黄河一带甚至出现蛰裂(湿陷裂缝);堤防与交叉建筑物接合部处理不好,在不均匀沉陷以及渗水作用下,引起裂缝。

(3) 堤身存在隐患。害堤动物如白蚁、獾、狐、鼠等的洞穴,人类活动造成的洞穴如坟墓、藏物洞、战壕等,在渗流作用下引起局部沉陷,产生裂缝。

(4) 水流作用。背水坡在高水位渗流作用下,由于抗剪强度降低,临水坡水位骤降或堤脚被淘空,常可能引起弧形滑坡裂缝,特别是背水坡堤脚有塘坑、堤脚发软时,容易发生。

(5) 振动及其他影响。如地震或附近爆破造成堤防基础或堤身砂土液化,引起裂缝;背水坡碾压不实,暴雨后堤防局部也有可能出现裂缝。

总之,造成裂缝的原因往往不是单一的,常常多种因素并存。有的表现为主要原因,有的则为次要因素,而有些次要因素,经过发展也可能变成主要原因。

**3. 险情判别**

裂缝抢险,首先要进行险情判别,分析其严重程度。先要分析判断产生裂缝的原因,是滑坡或崩岸引起,还是不均匀沉降引起;是施工质量差造成,还是由振动引起。而后要判明裂缝的走向,是横缝还是纵缝。对于纵缝应分析判断是否是滑坡或崩岸性裂缝。如果是横缝要判别探明是否贯穿堤身。如果是局部沉降裂缝,应判别是否伴随有管涌或漏洞。此外还应判断是深层裂缝还是浅层裂缝。必要时还应辅以隐患探测仪进行探测。

### 四、跌窝险情的判别

跌窝(又称陷坑)是指在雨中或雨后,或者在持续高水位情况下,堤身及坡脚附近局部土体突然下陷而形成的险情。

**1. 跌窝形成的原因**

(1) 堤防隐患。堤身或堤基内有空洞,如獾、狐、鼠、蚁等害堤动物洞穴,坟墓、地窖、防空洞、刨树坑等人为洞穴,树根、历史抢险遗留的梢料、木材等植物腐烂洞穴,等等。这些洞穴在汛期经高水位浸泡或雨水淋浸,随着空洞周边土体的湿软,成拱能力降低,塌落形成跌窝。

(2) 堤身质量差。筑堤施工过程中,没有进行认真清基或清基处理不彻底,堤防施工分段接头部位未处理或处理不当,土块架空、回填碾压不实,堤身填筑料混杂和碾压不实,堤内穿堤建筑物破坏或土石接合部渗水等,经洪水或雨水的浸泡冲蚀而形成跌窝。

(3) 渗透破坏。堤防渗水、管涌、接触冲刷、漏洞等险情未被及时发现和处理,或处理不当,造成堤身内部淘刷,随着渗透破坏的发展扩大,发生土体塌陷导致跌窝。

**2. 跌窝险情的判别**

(1) 根据成因判别

由于渗透变形而形成的跌窝往往伴随渗透破坏,极可能导致漏洞,如抢护不及时,就会导致堤防决口,必须作重大险情处理。其他原因形成的跌窝,是个别不连通的陷洞,还应根据其大小、发展趋势和位置分别判断其危险程度。

(2) 根据发展趋势判别

有些跌窝发生后会持续发展,由小到大,最终导致瞬时溃堤。因此,持续发展的跌窝必须慎重对待,及时抢护。否则,后果将是非常严重的。有些跌窝发生后不再发展并趋于稳定状态,其危险程度还应通过其大小和位置来判别。

(3) 根据跌窝的大小判别

跌窝的大小不同,对堤防安危程度的影响也不同,直径小于 0.5 m、深度小于 1.0 m 的小跌窝,一般只破坏堤防断面轮廓的完整性,而不会危及堤防的安全。跌窝较大时,就会削弱堤防强度,危及堤防的安全。当跌窝很大且很深时,会导致部分堤防土体失稳,并进一步发展为滑坡。

(4) 根据跌窝位置判别险情

① 临(背)水坡较大的跌窝可能造成临(背)水坡滑坡险情,或减小渗径,可能造成漏洞或背水坡渗透破坏。

② 堤顶跌窝降低部分堤顶高度,削弱堤顶宽度。堤顶较大的跌窝,将会降低防洪标准,有引起堤顶漫溢的危险。

# 第五节　冰凌险情的判别

冰凌是寒冷地区江河普遍存在的自然现象,它往往直接影响到水利工程的建设和运用,甚至造成凌汛泛滥成灾,给国计民生造成严重损害。我国有 17 个省(区)、近四分之三国土上的河流,冬季都会出现不同程度的冰情。不同地区冰期的长短有所差异,华北一带冰期为 3 个月左右,青海、新疆西北一带长达 5 个月,内蒙古北部及东北一带长达半年。产生严重凌汛威胁并经常形成灾害的河流主要有黄河、松花江和黑龙江。分析凌汛的成因,研究其运动规律,以便采取各种有效措施避免或减轻凌汛危害。

## 一、冰凌

水在 0℃ 或低于 0℃ 时凝结成冰,积冰为凌。由水直接冻结而成的冰称为水成冰。由大气中降下的雪沉积而成的冰称为沉积冰。由积雪经过变质作用而形成的冰称为冰川冰。其中水成冰与工农业生产、交通运输、水利建设及国防建设等方面的关系最密切。

河流冰情演变过程按冰的形态变化,可分为流冰、封冻和解冻三个阶段。从河流开始结冰,冰花、冰块流动直至流冰停止为流冰期;从流冰停止开始到春季冰块融化、开始流动为封冻期;天气回暖,从流冰开始出现到流冰终止为解冻期。

在河流冻结的发展过程中,由于热力与冰力原因,岸边较早生成冰晶体或冰层,叫岸冰。在产生岸冰的同时,河水内存在低于 0℃ 的过冷却水,如流速减缓,便在河中任何部位产生海绵状或饭团状的水内冰,附着在河底上的水内冰叫作底冰或锚冰;水内冰的体积不断增大,当浮力大于重力或河底附着力时,就会上浮至水面,随流漂浮,叫作淌凌或流凌。

封冻过程分为冰盖形成与冰盖增厚两阶段。河流的冰块面积大于河面70%时,在宣泄不畅的狭窄段或弯道处,冰块受阻,形成冰桥。在强冷却情况下,流凌受冰桥阻塞,冰块相互之间冻结成冰盖,即为封冻。

太阳辐射、空气传导与降雨等热量是河流封冻冰消融的主要能源。当气温升至 0℃ 以后,冰层表面开始融化。如有较高温度的来水流入河段或湖泊,可使冰盖下部同时融化。岸边土壤吸热较冰层多,沿岸冰层先融化后沿岸形成水巷,称为脱岸。如遇风浪或水力作用,冰层断裂成块,漂浮水面。河流中漂浮冰块,顺流而下,叫作春季淌凌。在自南向北的河段上,如黄河兰州至包头段上暖下冷,解冻期流冰在下游排泄不畅的河段卡塞结成冰坝,继而抬高上游水位,甚至向两岸泛滥成灾。冰情地理分布为:北纬 50°左右,如海拉尔一带,中等河流自 11 月上旬开始封冻,至翌年 4 月下旬解冻,最大冰厚达 1.5 m 以上;南至徐州—天水一线自 1 月上旬封冻,至 2 月上旬开河,最大冰厚在 0.25 m 左右;再南至杭州—武汉一线,多数年份不结冰封冻;青藏高原因地势高,封冻天数比东部同纬度地区更长。湖泊较同地区河流封冻早而解冻迟。主要的冰情现象有流冰、冰塞、冰坝和冰压力等。

**1. 流冰**

随水向下游流动的冰花和冰块称为流冰,又称淌凌。流冰可分为秋(冬)季流冰与春季流冰两类。秋季流冰,是指在河流封冻以前的流冰,冰块系由冰凇、棉冰、脱岸的冰块及冰花冻结而成。一般河流流冰前先流冰花,后转为流冰块。春季流冰是指在河流解冻时流动的冰块(大块的又称冰排),冰块系由破碎的封冻冰层和脱岸的破碎岸冰组成。开河后的流冰,量多而势猛,流到排冰不畅的河段易形成冰坝,造成灾害。在中国由南向北流的河流中,这种现象尤为常见。流冰可使航运中断,沿河建筑物遭到破坏,要采取必要的预防措施。

**2. 冰塞**

水内冰、冰花和碎冰等潜入水中,并积聚在冰盖底面,阻塞了河道过水断面,壅高上游水位的现象,称为冰塞。冰塞多由冰花和碎冰组成,冰塞的特点是减小了冰盖下的过流能力,使上游水位上涨。冰塞的持续时间一般较长,甚至存在于整个封冻期。

**3. 冰坝**

冰块流至河道狭窄、浅滩、多弯处受阻停滞或流至仍处于固封状态的冰盖前缘,流冰下潜或上爬堆积呈坝状,严重阻塞河道过水断面,使上游水位显著壅高的现象称为冰坝。

冰坝形成后,将导致上游河段水位显著上涨,当冰坝承受不了上游河段的冰、水压力时,就会突然崩溃,冰水俱下,迫使下游节节开河,导致冰量、槽蓄水量再度集结,形成凌洪。一旦再形成卡冰结坝就会造成严重的凌汛危害。冰坝的基本形态一般分为头部和尾部。头部位于河下游,由多层冰组成,并向两岸扩展。尾部自下而上由一层冰组成,位于河槽中,一般不向两岸扩展,如图2-4所示。

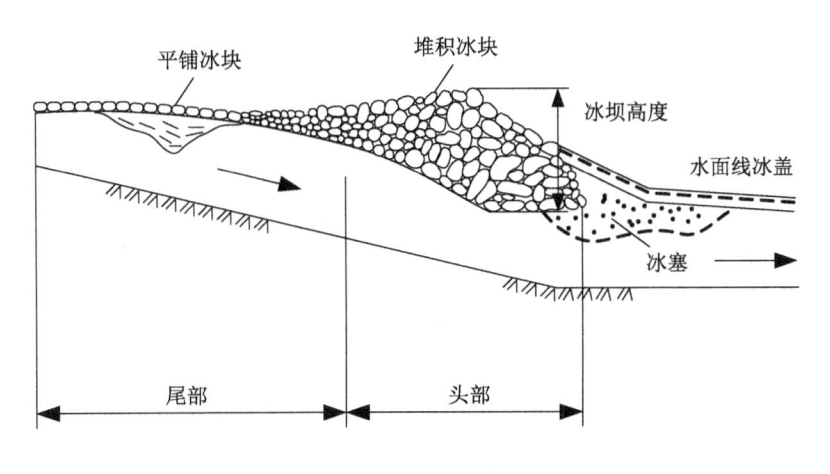

图 2-4 冰坝示意图

冰塞与冰坝虽然都是由冰凌阻塞而引起上游涨水的现象,但两者之间有明显的区别:冰塞多发生于封冻初期,冰坝多发生于解冻期;冰塞由冰花、碎冰组成,冰坝由块大质坚的冰块组成;冰塞形成后持续时间长,有的可达数月之久,冰坝形成后持续时间短,短的仅几小时,长的也多在十天之内;冰塞消失时无明显凌峰产生,冰坝溃决时常有凌峰产生,且一般沿程递增;冰塞河段,砂质河床有较长距离冲刷,冰坝河段仅在头部,河床有局部冲刷;冰坝所造成的危害远大于冰塞所造成的危害。

**4. 冰压力**

冰对水工建筑物表面的作用力，称为冰压力。冰压力可分为两种：水库表面结冰后，因气温上升冰层膨胀而产生的压力称为静冰压力；冰块流动时，流冰撞击建筑物而产生的压力称为动冰压力。一般认为冰压力是一种短暂荷载。对于较高的坝，冰压力在各种荷载中所占比重不大，特别当水库操作频繁或冬季水位长期较低时，常可不考虑冰压力。对于低坝、闸墩、进水塔、胸墙等结构，当冰层较厚或当垂直坝面的水库吹程不大时，冰压力往往成为比较重要的荷载，有时可能将建筑物挤裂。对于不宜承受巨大冰压力的部位，如闸门、进水口等处，常需采取防冻、破冰等措施。

静冰压力的大小与开始升温时的气温、气温的上升率及冰厚、冰的热膨胀系数、冰的弹性模量、冰的强度和水库岸边的约束情况等有关。

动冰压力的大小与建筑物暴露面积的大小和形状、表面的粗糙度、冰厚、冰块流速、流冰的抗碎强度等有关。

## 二、凌汛

冰凌对水流产生阻力而引起江河水位明显上涨的现象称为凌汛。有时冰凌聚积形成冰塞或冰坝，大幅度抬高水位，轻则漫滩，重则决溢堤防，泛滥成灾。

凌汛的特点：一是凌峰沿程传播时节节增大。由于河道出现冰凌之后阻拦了一部分上游来水，增加了河槽蓄水量，当解冻开河时，这部分槽蓄水急剧释放出来，出现凌峰，向下传递，沿程冰水越聚越多，冰峰节节增大，呈递增趋势。二是凌汛期流量小而水位高。

凌汛的成因：产生凌汛的自然条件取决于河流所处的地理位置。在高寒地区，河流从低纬度流向高纬度时，出现严重凌汛的概率较大。这是因为河流封冻时下段早于上段，解冻时下段迟于上段，而且冰盖厚度下厚上薄，加之河道弯曲，往往在解冻期形成冰坝。凌汛严重与否，取决于河道冰凌对水位影响的程度。通常只是在河道中出现冰塞或冰坝后，才会引起水位较大幅度的上涨。

冰凌洪水按成因分为融冰洪水、冰塞洪水和冰坝洪水。融冰洪水规模一般不大，冰塞洪水持续时间较长，冰坝洪水壅高的水位高、上涨快，故冰坝洪水灾害最为严重。

1962年1月，黄河上游盐锅峡水库末端出现了巨大的冰塞，使上游正在施工的刘家峡水坝的隧洞出口处的壅水位接近设计的千年一遇洪水位，洪水漫过刘家峡水坝下游围堰，历时两个月之久，淹没了200多座建筑物和住房。1929年2月，黄河下游山东省利津县扈家滩因冰坝堵塞河道决口，淹没了利津、沾化两地的60余个村庄。

## 第六节　巡堤查险

江河水位上涨达到设防水位后，堤脚开始偎水，意味着堤防处于临战状态，各种险情开始显露。为了及时发现各种险情征候，此时防汛部门应组织防汛抢险人员往复巡视检查，力求将险情消灭于萌发阶段。

### 一、准备工作

**1. 汛前**

各级防汛指挥机构汛前要对所辖河段内防洪工程进行全面检查，掌握工程情况，划分防守责任堤段，并标立界桩。根据洪水预报情况，调度防汛抢险队伍，组织巡堤查险。

**2. 防汛人员上堤**

防汛人员上堤后安排好生活，先清除责任段内妨碍巡堤查险的障碍，在临水堤坡及背水堤脚平整出巡查小道，随着水位上涨，及时平整出新的巡查小道。

### 二、查险方法

洪水偎堤后，巡查人员分组轮流执行巡查任务，巡查班次及人数视水情、险情、堤情灵活安排，接近警戒水位时或大风大雨天，适当增加班次与人员，昼夜轮流巡查。巡查人员应随身携带手机、险情记录本、尺子、铁锹、旗帜、电喇叭、雨具及灯具等。

**1. 巡查方法**

明确每个巡查人员的巡查范围和内容,各尽其职,严禁巡查中成帮结伙,谈笑闲聊,注意力分散。

(1) 巡查临水堤坡时,1人背草捆在临水堤肩走,1人拿铁锹在堤半坡走,1人持探水杆沿水边走(堤坡长可增加人员数量)。沿水边走的人要不断用探水杆探摸护脚根石,借波浪起伏的间隙查看堤坡有无险情。另外2人注意察看水面有无漩涡等异常现象,并观察堤坡有无裂缝、塌陷、滑坡、漏洞等险情发生。在风大流急、顺堤行洪或水位骤降时,要特别注意堤坡有无崩塌现象。

(2) 巡查背水堤坡时,已淤背的堤段,1人在背水堤肩走,1人在淤背区堤肩走,1人沿淤背区堤脚走;没有淤背的堤段,1人在背水堤肩走,1人在堤半坡走,1人沿堤脚走(堤坡长可增加人员数量)。观察堤坡及堤脚附近有无渗水、管涌、裂缝、滑坡、漏洞等险情。

(3) 对背水堤脚外100~500 m范围内(各地规定不同)的地面及积水坑塘、洼地、水井、沟渠应组织专门小组进行巡查,反复检查有无管涌、翻砂、渗水等现象,并注意观测其发展变化情况。

对于后戗整修的堤段,也要组织一定力量进行巡查。

(4) 堤防发现险情后,应指定专人定点观测或适当增加巡查次数,及时采取处理措施,并向上级报告。

(5) 巡查的路线,一般情况下可去时查临水堤坡,返回时查背水堤坡,当巡查到两个责任段接头处时,两组应交叉巡查10~20 m,以免漏查。

**2. 巡查要求**

(1) 在开始漫滩时,可由一个组去时查临水堤坡,返回时查背水堤坡。巡查的间隔应视水情、天气和险情而定,一般情况下每隔0.5小时巡查一次。

(2) 当河库水位骤涨骤落,大溜顶冲或河流上出现"横河""斜河"威胁堤坝安全时,应由2个组同时出发,分别沿堤顶、堤脚、内坡、外坡巡查,再交互巡查返回(湖北荆江地区称"一字形"巡查法),并适当增加巡查次数。必要时应有固定人员进行观察。

(3) 当洪水位达到保证水位时,应增加巡查组次,每次由2组分别从临水与背水查,再交换查回。第一组出发后,第二组、第三组……相继出发,各组次出发巡查的间隔要相等(荆江地区称"鱼咬尾"法)。

（4）建立并落实好相关制度。在实施巡查之前,各地防汛部门应建立相关制度,包括巡查制度、交换班制度、值班制度、汇报制度、奖惩制度等,并对巡查人员加强纪律教育和政治思想工作,确保巡查工作得到扎实落实。

### 3. 注意事项

（1）巡查、休息、接班时间,由带领巡查的队长统一掌握,执行任务途中不得擅自离开岗位。

（2）巡查时必须带手机、铁锹、探水杆等工具,除随身背的草捆外,其他物料及运土工具可分放堤顶,以便随时取用;夜间巡查,一人持手电筒或应急照明灯在前,一人拿探水杆探水,一人观测水的动静,聚精会神仔细查看。

（3）各责任段的巡查小组到交界处必须越界巡查 10～20 m。

（4）巡查中发现可疑现象,应派专人进一步详细检查,探明原因,迅速处理。

（5）巡查人员必须认真负责,不放松一刻,不忽视一点,注意"五时""五到",做到"三清""三快"。

"五时"是：黎明时(人最疲乏)、吃饭时(思想易松懈)、换班时(巡查容易间断)、黑夜时(看不清容易忽视)、狂风暴雨时(出险不容易判别)。

"五到"是：眼到,即看清堤顶、背水堤坡和坡脚有无崩塌、裂缝、漏洞、散浸、翻砂鼓水等现象;看清临水堤坡有无浪坎、崩坎、近堤水面有无漩涡等现象。手到,指当临水堤身上做有搂厢、柳枕、挂柳、防浪排等防护工程时,要用手检查堤边签桩是否松动,桩上的绳缆、铅丝松紧是否合适;风浪冲刷堤坡时,检查有无崩塌淘空现象;水面有漩涡处要用探水杆随时探摸。耳到,即细听水流有无异常声音,夜深人静时伏地静听,有助于发现隐患。脚到,指在黑夜雨天的蹚水地区,要赤脚试探水温及土壤松软情况,如水温低,甚至感到冰凉,表明水可能从地层深处或堤身内部渗出,属于出险现象,土壤松软亦非正常。跌窝崩塌现象,一般也可用脚在水下探摸发现。工具物料随人到,巡查人员在检查时,应随身携带铁锹、探水杆、草捆或软塞等,以便遇到险情及时抢护。

"三清"是：出现险情要仔细鉴别险情并查清原因;报告险情要说清出险时间、地点、现象、位置等;报警信号和规定要记清,以便出险时及时准确地报警。

"三快"是：发现险情要快,争取抢早、抢小、打主动仗;报告险情要快,以便使上级及时掌握出险情况，采取措施，防止失误；抢护要快，根据险情，迅速组织力量及时抢护，以减少抢险困难和危险程度。

**4. 报警方法**

（1）报警号码规定

险情报警通常采取手机和电喇叭相结合的方法。各级防汛指挥机构汛前应向沿堤群众公布报险电话，并保证汛期24小时畅通，有人接听。

当发现险情时，用手机向防汛指挥机构报警。

（2）出险标志

出险、抢险地点，白天挂红旗，夜间挂红灯（应能防风雨）或点火，作为出险的标志。

（3）注意事项

手机报警应指定专人负责，不得乱发。

发现险情的同时，应火速报告给上级指挥机构，并立即组织抢护。

防汛指挥机构接到报警后，应迅速组织工程技术人员赴现场鉴别险情，逐级上报，并指定专人定点观测或适当增加巡查次数，对威胁工程安全的迅速采取抢护措施。各巡查堤段的巡查人员继续巡查，不得间断。

湖北省枝江在1998年防汛抢险中总结出巡堤查险十法："分段包干、分组编班、登记造册、领导带班、巡查培训、挂牌佩标、精心查险、交接签字、三级督查、奖惩分明"，取得了良好的效果。

# 第三章
# 堤防渗透破坏的抢险技术

## 第一节 漏洞险情的抢护

### 一、抢护原则

一旦漏洞出水,险情发展很快,特别是浑水漏洞,将迅速危及堤防安全,应做到"浑速抢、清观察"。所以一旦发现漏洞,应迅速组织人力和筹集物料,抢早抢小,一气呵成。

抢护原则是:"前截后导,临重于背。"即在抢护时,应首先在堤坝临水侧找到漏洞进水口并及时堵塞,截断漏水来源。同时,在背水侧漏洞出水口采用反滤和围井,降低洞内水流流速,制止土料流失,防止险情扩大,切忌在漏洞出口处用不透水料强塞硬堵,以免造成更大险情。

### 二、抢护技术

**1. 塞堵法**

塞堵漏洞进口是最有效最常用的方法,尤其在地形起伏复杂、洞口周围有灌木杂物时更适用。一般可用软性材料塞堵,如针刺无纺布、棉被、棉絮、草包、编织袋包、网包、棉衣及草把等,也可用预先准备的一些软楔(见图3-1)、草捆塞堵。在有效控制漏洞险情的发展后,还需用黏性土封堵闭气,或用大块土工膜、篷布盖堵,然后再压土袋或土枕,直到完全断流为止。1998年汛期,汉口丹水池防洪墙背水侧发现冒水洞,出水量大,在出口处塞堵无效,险情十分危急,后在临水面探测到漏洞进口,立即用棉被等塞堵,并抛填闭气,使险情得以控制与消除。

在抢堵漏洞进口时,切忌乱抛砖石等块状物料,以免架空,使漏洞继续发展扩大。

**2. 盖堵法**

(1) 复合土工膜排体(见图3-2)或篷布盖堵。当洞口较多且较为集中,附近无树木杂物,逐个堵塞费时且易扩展成大洞时,可采用大面积复合土工膜排体或篷布盖堵。可沿临水坡肩部位从上往下,顺坡铺盖洞口,或从船上铺放,盖堵离堤肩较远处的漏洞进口,然后抛压土袋或土枕,并抛填黏土,形成前戗截渗,见图3-3。

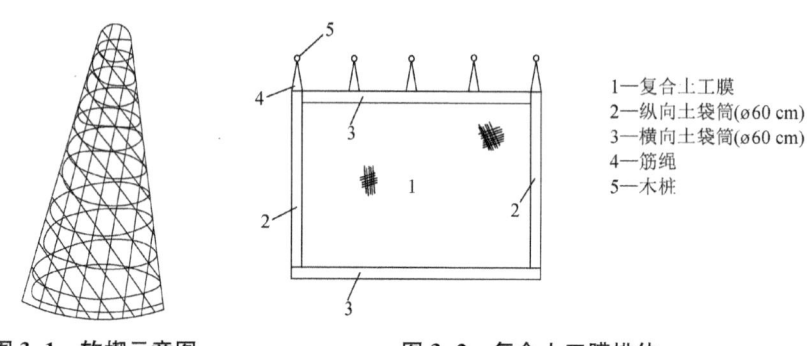

1—复合土工膜
2—纵向土袋筒(∅60 cm)
3—横向土袋筒(∅60 cm)
4—筋绳
5—木桩

图3-1 软楔示意图   图3-2 复合土工膜排体

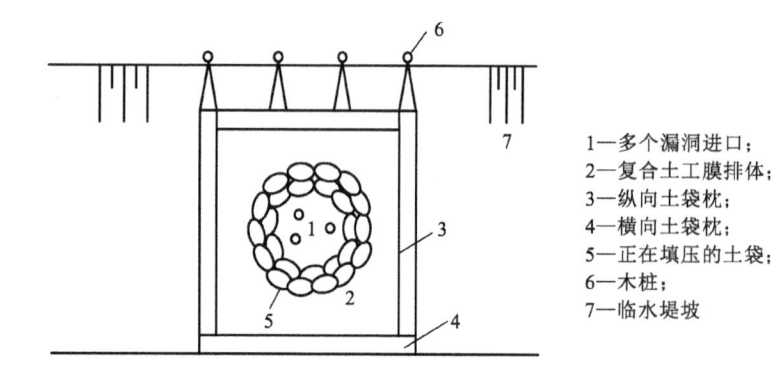

1—多个漏洞进口;
2—复合土工膜排体;
3—纵向土袋枕;
4—横向土袋枕;
5—正在填压的土袋;
6—木桩;
7—临水堤坡

图3-3 复合土工膜排体盖堵漏洞

(2) 就地取材盖堵。当洞口附近流速较小、土质松软或洞口周围已有许多裂缝时,可就地取材用草帘、苇箔等重叠数层作为软帘,也可临时用柳枝、秸料、芦苇等编扎软帘。软帘的大小也应根据洞口具体情况和需要盖堵的范围确定。在盖堵前,先将软帘卷起,置放在洞口的上部。软帘的上边可根据受力大小用绳索或铅丝系牢于堤顶的木桩上,下边附以重物,利于软帘下沉时紧贴边坡,然后用长杆顶推,顺堤坡下滚,把洞口盖堵严密,再盖压土袋,抛填黏土,达到封堵闭气,如图 3-4 所示。

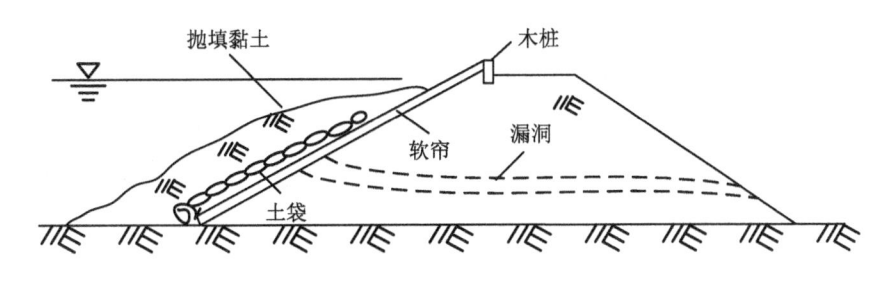

图 3-4 软帘盖堵示意图

### 3. 戗堤法

当堤坝临水坡漏洞口多而小,且范围又较大时,在黏土料备料充足的情况下,可采用抛黏土填筑前戗或临水筑月堤的办法进行抢堵。

(1)抛填黏土前戗。在洞口附近区域连续集中抛填黏土,一般形成厚 3~5 m、高出水面约 1 m 的黏土前戗(见图 3-5),封堵整个漏洞区域;在遇到填土易从洞口冲出的情况时,可先在洞口两侧抛填黏土,同时准备一些土袋,集中抛填于洞口,初步堵住洞口后,再抛填黏土,闭气截流,达到堵漏目的。

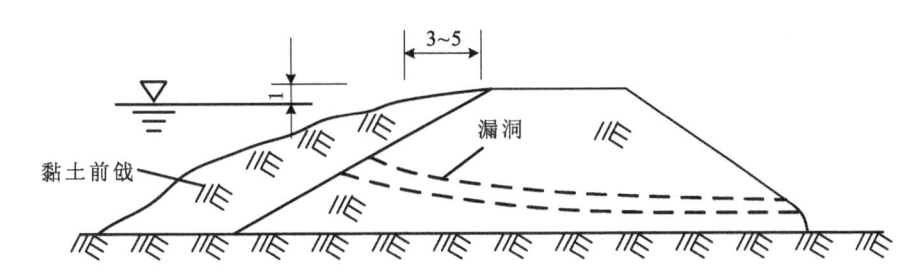

图 3-5 黏土前戗截渗示意图(单位:m)

(2)临水筑月堤。如果临水水深较浅、流速较小,则可在洞口范围内用土袋迅速连续抛填,快速修成月形围堰,同时在围堰内快速抛填黏土,封堵洞口,见图 3-6。

### 4. 辅助措施

在临水坡查寻漏洞进口的同时,为减缓堤土流失,可在背水坡漏洞出口处构

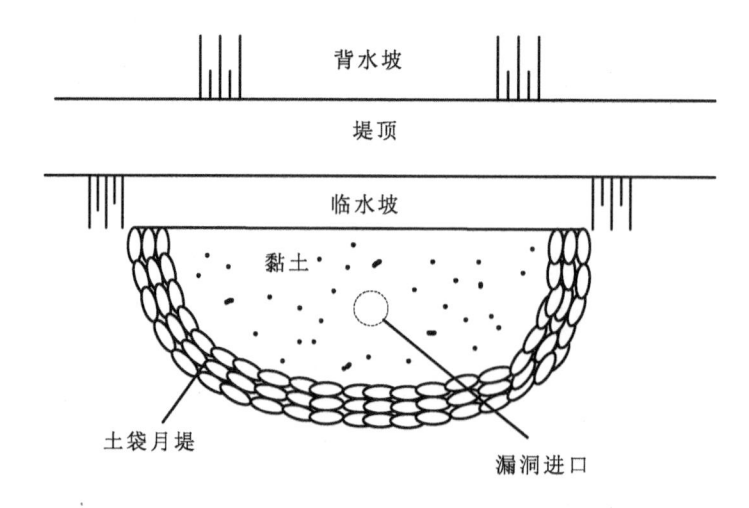

图 3-6 临水月堤堵漏示意图

筑围井,反滤导渗,降低洞内水流流速,切忌在漏洞出口处用不透水料强塞硬堵,致使洞口土体进一步冲蚀,导致险情扩大,危及堤防安全。

### 三、注意事项

(1) 抢护漏洞险情是一项十分紧急的任务,要加强领导,统一指挥,措施得当,行动迅速。

(2) 要正确判断险情是堤身漏洞还是堤基管涌。如是前者,则应寻找进水口并外帮堵截为主,辅以内导,而不能完全依赖内导。

(3) 无论对漏洞进水口采取哪种办法抢堵,均应注意工程的安全性和人身安全。要用充足的黏性土料封堵闭气,并抓紧采取加固措施,漏洞抢堵加固之后,还应有专人看守观察,以防再次出险。

(4) 在漏洞进水口外帮时切忌乱抛砖石土袋、梢料物体,以免架空,使漏洞继续发展扩大。在漏洞出水口切忌打桩或用不透水物体强塞硬堵,以防堵住一处,附近又冒出一处,或把小的漏洞越堵越大,致使险情扩大恶化,甚至造成溃决。实践证明,在漏洞出口抛散土、土袋填压或填筑粮食都是错误做法。

(5) 凡发生漏洞险情的堤段,大水过后一定要进行锥探灌浆加固,或汛后进行开挖翻筑。

(6) 采用盖堵法抢护漏洞进口时,需防止在堵覆初期,由于洞内断流,外部水压增大,从洞口覆盖物的四周进水。因此,洞口覆盖后,应立即封严四周,同时迅速压土闭气,否则一次堵覆失败,洞口扩大,增加再堵困难。

## 第二节　管涌险情的抢护

### 一、抢护原则

管涌又称为翻砂鼓水,由于一般翻砂鼓水险情是地基强透水层渗漏引起,险情比较严重,临水面入渗处水深大,距外坡脚较远,因此难以在临水面采取堵截措施,所以管涌抢护原则以"导水抑砂"为主。即将渗水导出而降低渗水压力,不带砂而稳定险情。对于小的仅冒清水的管涌,可以加强观察,暂不处理;对于出浑水的管涌,不论大小,必须迅速抢护。"牛皮包"(土层隆起)在穿破表层后按管涌处理。如果高水位持续时间长,堤坝长时间受水浸泡,也会出现堤身管涌,特别是质量差、砂性重、背水坡陡的堤段更易发生。

对管涌险情应有足够的认识,并保持高度警惕,切勿掉以轻心,马虎从事。

### 二、抢护方法

**1. 反滤围井**

在管涌口处用编织袋或麻袋装土抢筑围井,井内同步铺填反滤料,从而制止涌水带砂,以防险情进一步扩大。当管涌口很小时,也可用无底水桶或汽油桶做围井。这种方法适用于发生在地面的单个管涌或管涌数目虽多但比较集中的情况。对水下管涌,当水深较浅时也可以采用。

反滤围井面积应根据地面情况、险情程度、物料储备情况等来确定。围井高度应以能够控制涌水带砂为原则,但也不能过高,一般不超过1.5 m,以免围井附近产生新的管涌。对管涌群,可以根据管涌口的间距选择单个或多个围井进行抢护。围井与地面应紧密接触,以防造成漏水,使围井水位无法升高,起不到利用其反压控制涌水的作用。

(1)砂石反滤围井。

首先应清理围井范围内的杂物,并用编织袋或麻袋装土填筑围井。然后根据管涌程度的不同，采用不同的方式铺填反滤料：对管涌口不大、涌水量较小的情况，采用由细到粗的顺序铺填细料、过渡料、粗料，每级滤料的厚度为 20~30 cm。对管涌口直径较大、涌水量较大的情况，可先填较大的块石或碎石，以消杀水势，再按前述方法铺填反滤料，以免较细颗粒的反滤料被水流带走。反滤料填好后应注意观察，若发现反滤料下沉可补足滤料，若发现仍有少量浑水带出而不影响其骨架改变（即反滤料不下陷），可继续观察其发展，暂不处理或略抬高围井水位。管涌险情基本稳定后，在围井的适当高度插入排水管（塑料管、钢管或竹管），使围井水位适当降低，以免围井周围再次发生管涌或造成井壁倒塌。同时，必须持续不断地观察围井及周围情况的变化，及时调整排水口高度，如图 3-7 所示。

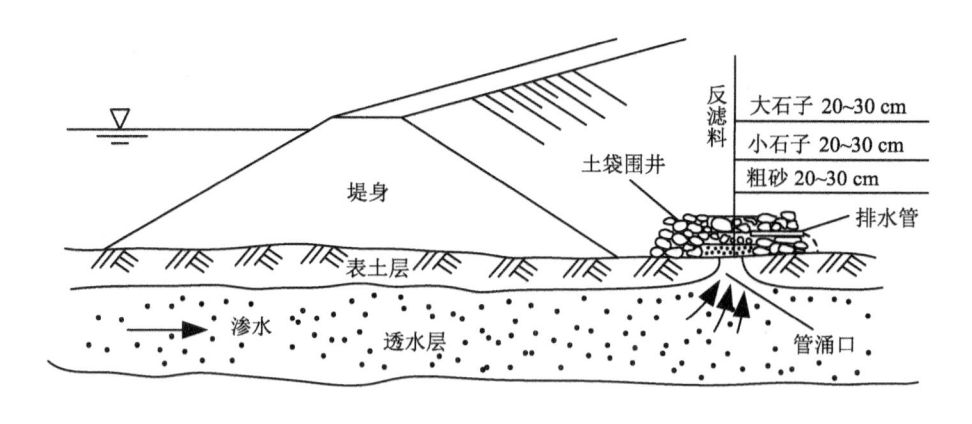

图 3-7 砂石反滤围井示意图

（2）土工织物反滤围井

首先将管涌口附近清理平整，清除尖锐杂物，用粗料消杀涌水压力，铺土工织物前，先铺一层粗砂，粗砂层厚 30~50 cm。然后选择合适的土工织物铺上。若管涌带出的土为粉砂，一定要慎重选用土工织物（针刺型）；若为较粗的砂，一般的土工织物均可选用。土工织物铺设一定要形成封闭的反滤层，土工织物周围应嵌入土中，土工织物之间用线缝合。再在土工织物上面用块石等强透水材料压盖，加压顺序为先四周后中间，最终中间高、四周低。最后在管涌区四周用土袋修筑围井。围井修筑方法及井内水位控制与砂石反滤围井相同，如图 3-8 所示。

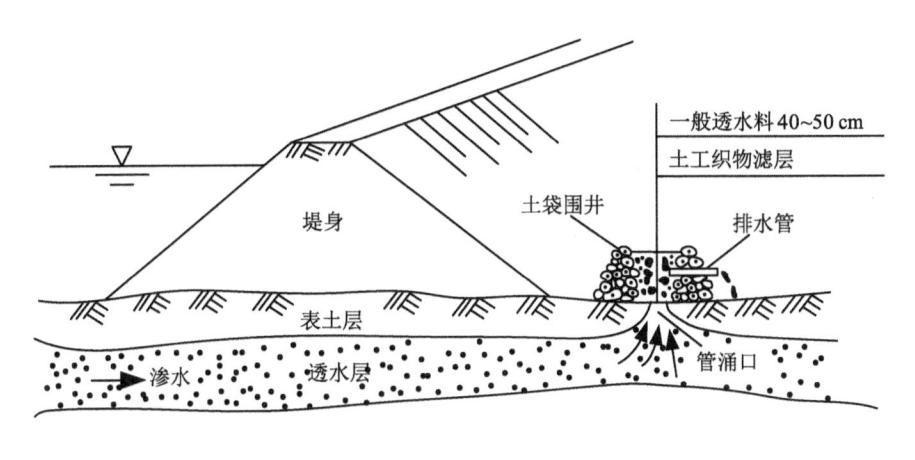

图 3-8 土工织物反滤围井示意图

(3) 梢料反滤围井

梢料反滤围井用梢料代替砂石反滤料做围井，适用于砂石料缺少的地方。下层选用麦秸、稻草，铺设厚度 20~30 cm。上层铺粗梢料，如柳枝、芦苇等，铺设厚度 30~40 cm。梢料填好后，为防止梢料上浮，梢料上面压块石等透水材料。围井修筑方法及井内水位控制与砂石反滤围井相同，如图 3-9 所示。

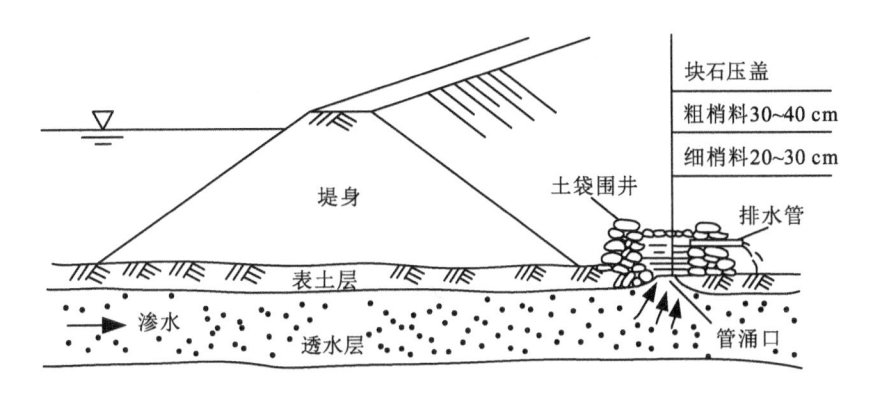

图 3-9 梢料反滤围井示意图

## 2. 反滤层压盖

对于大面积管涌或管涌群，如果料源充足可采用反滤层压盖。

(1) 砂石反滤压盖

清理铺设范围内的杂物和软泥，对涌水严重处抛填块石，消杀水势，然后铺粗砂一层，厚约 20 cm，再铺小石子和大石子各一层，厚度均为 20 cm，最后压盖

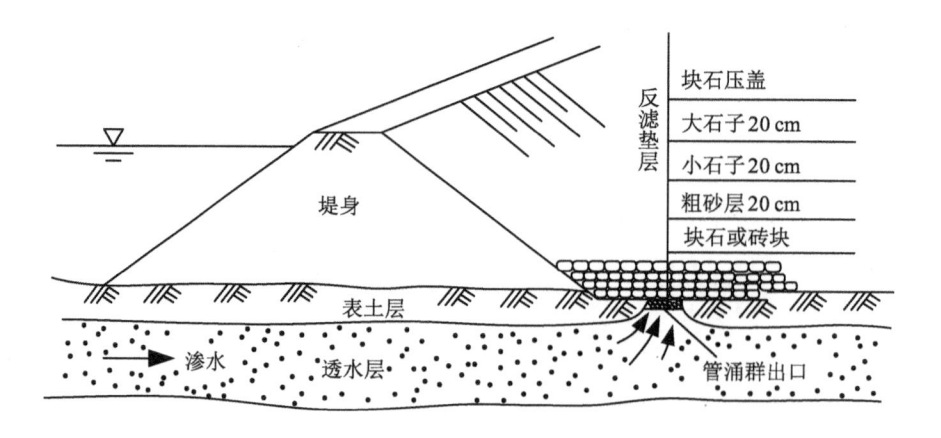

图 3-10 砂石反滤压盖示意图

一层块石,如图 3-10 所示。

(2) 梢料反滤压盖

当缺乏砂石料时,可用梢料做反滤压盖。清基和消杀水势后,先铺细梢料,如麦秸、稻草等,厚 10~15 cm,再铺粗梢料,如柳枝、秫秸和芦苇等,厚约 15~20 cm,粗细梢料共厚约 30 cm,然后再铺席片、草垫或苇席等,组成一层。视情况可只铺一层或连铺数层,然后用块石或沙袋压盖,以免梢料漂浮,如图 3-11 所示。梢料总的厚度以能够制止涌水携带泥沙、变浑水为清水、稳定险情为原则。

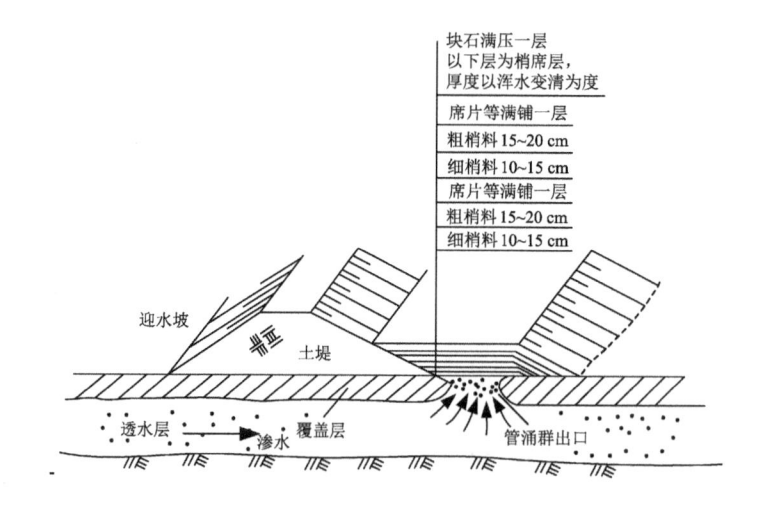

图 3-11 梢料反滤压盖示意图

(3) 反滤垫铺盖法

反滤垫是一种由聚合物材料制成的过滤结构。图 3-12 所示的是芯材,由聚丙烯热塑成型。反滤垫是在芯材上下复合过滤无纺布而成,具体应用时将其铺盖在管涌上方即可,当水压较大时上部可压块石。

**3. 蓄水反压(养水盆)**

即通过抬高管涌区内的水位来减小堤内外的水头差,从而降低渗透压力,减小出逸水力坡度,达到制止管涌破坏和稳定管涌险情的目的,如图 3-13 所示。

图 3-12 反滤垫芯材

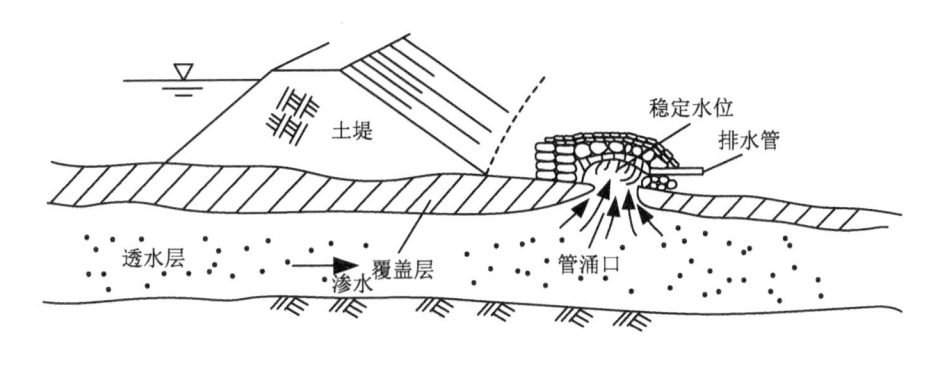

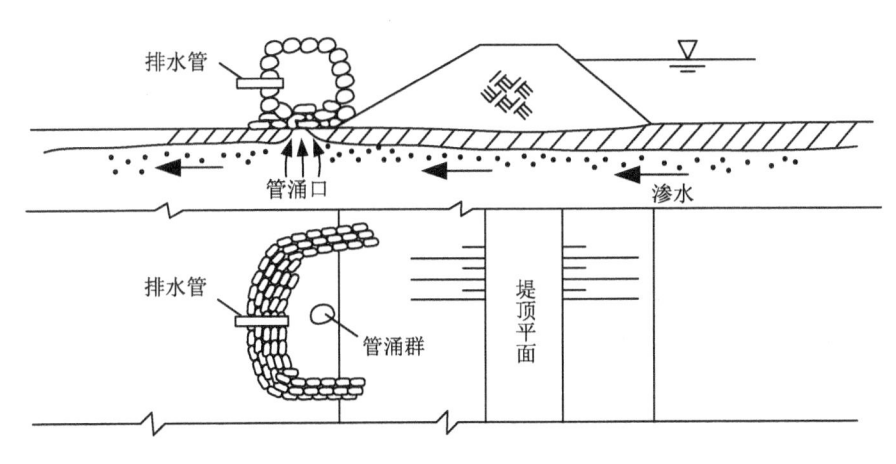

图 3-13 蓄水反压示意图

该方法的适用条件是:①闸后有渠道或堤后有坑塘,利用渠道水位或坑塘水位进行蓄水反压;②覆盖层相对薄弱的老险工段,要结合地形,做专门的大围堰(或称月堤)充水反压;③极大的管涌区,其他反滤压盖难以见效或缺少砂石料的地方。蓄水反压的主要形式有以下几种。

(1) 渠道蓄水反压

一些穿堤建筑物后的渠道内,由于覆盖层减薄,常产生一些管涌险情,且沿渠道一定长度内发生。对这种情况,可以在发生管涌的渠道下游做隔堤,隔堤高度与两侧地面平,蓄水后可有效控制管涌的发展。

(2) 塘内蓄水反压

有些管涌发生在塘中,在缺少砂石料或交通不便的情况下,可沿塘四周做围堤,抬高塘中水位以控制管涌。但应注意不要将水面抬得过高,以免周围地面出现新的管涌。

(3) 其他

对于一些小的管涌,缺乏反滤料时,可以用小围井或无底水桶蓄水反压,达到制止涌水带砂、稳定管涌险情的目的。

**4. 水下管涌险情抢护**

在坑塘发生水下管涌时,可采用以下处理办法。

(1) 反滤围井。当水深较浅时,可采用这种方法。

(2) 水下反滤层。当水深较深,做反滤围井困难时,可采用水下抛填反滤层的办法。如管涌严重,可先填块石以消杀水势,然后从水上向管涌口处分层倾倒砂石料,在管涌处形成反滤堆,使砂土不再带出,从而达到控制管涌险情的目的,但这种方法使用砂石料较多。

(3) 蓄水反压。当水下出现管涌群且面积较大时,可采用蓄水反压的办法控制险情。可直接向坑塘内蓄水,也可以在坑塘四周筑围堤蓄水。

**5. "牛皮包"的处理**

可在"牛皮包"隆起的部位,铺麦秸或稻草一层,厚 10～20 cm,其上再铺柳枝、秫秸或芦苇一层,厚约 20～30 cm。用钢锥戳破"牛皮包",排出包内水和空气,然后再压上土袋或块石。

### 三、注意事项

(1) 若管涌水源进口比较高,特别是堤外有滩的堤身管涌险情,在堤内采取反滤导渗的同时,还应在外坡施加堵截措施。

(2) 在背水侧处理管涌险情时,切忌用不透水材料强填硬塞,以免断绝排水通路,渗压增大,使险情恶化。

(3) 要避免使用黏性土修筑压渗台,此举违反了"滤水抑砂"的原则。

(4) 用梢料或柴排上压土袋处理管涌时,必须留有出水口,更不能中途将土袋搬走,以免渗水大量涌出而加剧险情。

(5) 修筑导滤设施时各层粗细砂石料的颗粒大小要合理,既要满足渗流畅通,又要不让下层细颗粒被带走,一般要求满足层间系数5～10倍。导滤的层数及厚度根据渗流强度而定。此外,必须分层明确,不得掺混。根据荆江抗洪抢险经验,每层厚20～30 cm。

(6) 土工织物导渗反滤的缺陷是其有效孔径能否适应管涌冒出来的砂土粒径问题,若匹配不当则可能延误战机或加重险情,1998年大水抢险中,湖南、湖北均有失败的事例。因此,在汛前备料时,应选择几种不同导渗参数的土工布以备急用。

## 第三节 堤坡渗水险情的抢护

### 一、抢护原则

以"临水截渗,背水导渗"为原则。临水坡用黏性土壤修筑前戗,可以减少渗水浸入,背水坡用透水性较好的砂石或柴草等进行导渗,把渗入的水通过反滤,有控制地只让清水流出,不让土粒流失,从而降低浸润线,保持堤坝稳定。

在抢护渗水之前,应先查明发生渗水的原因和险情的程度。如浸水时间不长且渗出的是清水,水情预报水位不再上涨,则可加强观察,注意险情变化,暂不处理;若渗水严重或已开始渗出浑水,则必须迅速处理,防止险情扩大。

### 二、抢护技术

**1. 临水截渗**

渗水险情严重如渗水出逸点高、渗出浑水或堤身单薄的堤段,应采用临水截渗。临水截渗一般应根据水深、流速、风浪的大小和取土的难易，酌情采取以下方法。

(1) 复合土工膜截渗。堤临水坡相对平整和无明显障碍时，采用复合土工膜截渗是简便易行的办法。在铺设复合土工膜前，将铺设范围内的杂物清理干净，以免损坏土工膜。土工膜顺坡长度应大于堤坡长度1 m，沿堤轴线铺设宽度视堤背水坡渗水程度而定，一般超过险段两端5～10 m，幅间的搭接宽度不小于50 cm。每幅复合土工膜底部固定在钢管上，铺设时从堤坡顶沿坡向下滚动展开。土工膜铺设的同时，用土袋压盖，以免土工膜随水浮起，同时提高土工膜的防冲能力。

也可用复合土工膜排体作为临水面截渗体，其方法可见本章第一节。

(2) 抛黏土截渗。当流速和水深均不大且备有黏性土料时，可在临水坡抛黏土截渗。清除杂物后，抛填可从堤肩由上向下抛，也可用船只抛填。水深或流速较大时，先在堤脚处抛填土袋构筑潜堰，再在潜堰内抛黏土。黏土截渗体一般厚2～3 m，高出水面1 m，超出渗水段3～5 m。参见本章第一节图3-5。

**2. 背水坡反滤沟导渗**

当堤防背水坡大面积严重渗水，而在临水侧迅速做截渗有困难时，只要背水坡无滑坡或渗水变浑情况，就可在背水坡及其坡脚处开挖导渗沟，排走背水坡表面土体中的渗水，恢复土体的抗剪强度，控制险情的发展。

根据反滤沟内所填反滤料的不同，反滤导渗沟可分为三种：①在导渗沟内铺设土工织物，其上回填一般的透水料，称为土工织物导渗沟。②在导渗沟内填砂石料，称为砂石导渗沟。③用梢料作为导渗沟的反滤料，称为梢料导渗沟。

(1) 导渗沟的布置形式。导渗沟的布置形式见图3-14(a)，可分为纵横沟、"Y"字形沟和"人"字形沟等。以"人"字形沟的应用最为广泛，效果最好，"Y"字形沟次之。

(2) 导渗沟尺寸。导渗沟的开挖深度、宽度和间距应根据渗水程度和土壤性质确定。一般情况下，开挖深度、宽度和间距分别选用30～50 cm、30～50 cm和6～10 m。导渗沟的开挖高度，一般要达到或略高于渗水出逸点位置。导渗沟的出口，以导渗沟所截得的水排出离堤脚2～3 m外为宜，尽量减少渗水对堤脚的浸泡。

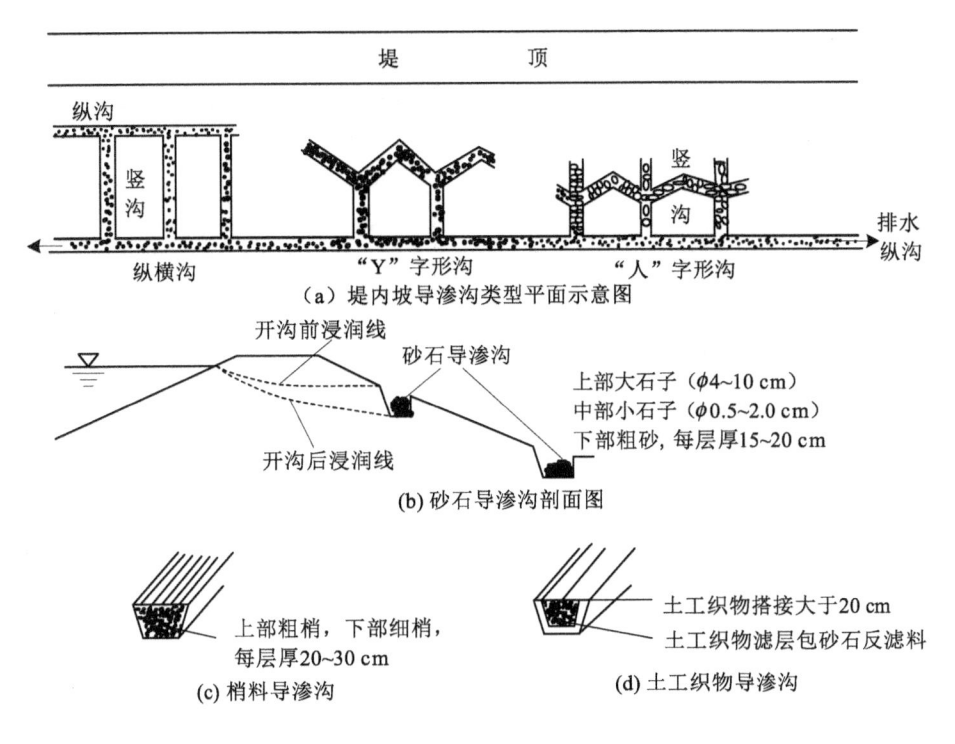

图 3-14 导渗沟铺填示意图

(3) 反滤料铺设。边开挖导渗沟,边回填反滤料。反滤料为砂石料时,应控制含泥量,以免影响导渗排水效果;反滤料为土工织物时,土工织物应与沟的周边结合紧密,其上回填碎石等一般的透水料,土工织物搭接宽度以大于 20 cm 为宜;回填滤料为稻糠、麦秸、稻草、柳枝、芦苇等,其上应压透水盖重,见图 3-14(b)、(c)、(d)。

值得指出的是,反滤导渗沟对维护堤坡表面土的稳定是有效的,而对于降低堤内浸润线和堤背水坡出逸点高程的作用相当有限。

**3. 背水坡贴坡反滤导渗**

当堤身透水性较强,在高水位下浸泡时间太长,导致背水坡面渗流出逸点以下土体软化,开挖反滤导渗沟难以成形时,可在背水坡采用贴坡反滤导渗。先将渗水边坡的杂物及松软的表土清除干净,然后按要求铺设反滤料。根据使用的反滤料的不同,贴坡反滤导渗可以分为三种:土工织物反滤层、砂石反滤层、梢料反滤层,见图 3-15。

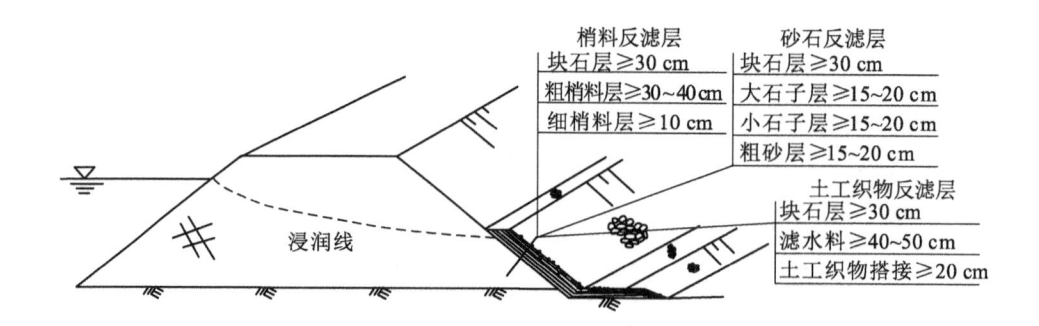

图 3-15　土工织物、砂石、梢料反滤层示意图

### 4. 透水压渗平台

当堤防断面单薄,背水坡较陡,或大面积渗水且堤线较长、全线抢筑透水压渗平台的工作量大时,可以采用导渗沟加间隔透水压渗平台的方法进行抢护。透水压渗平台根据使用材料不同,可分为以下两种方法。

(1) 砂石压渗平台。首先将边坡渗水范围内的杂草、杂物及松软表土清除干净,再用砂砾料填筑后戗,要求分层填筑密实,每层厚度 30 cm 左右,顶部高出浸润线出逸点 0.5~1.0 m,顶宽 2~3 m,戗坡一般为 1:5~1:3,长度超过渗水堤段两端至少 3 m,见图 3-16。

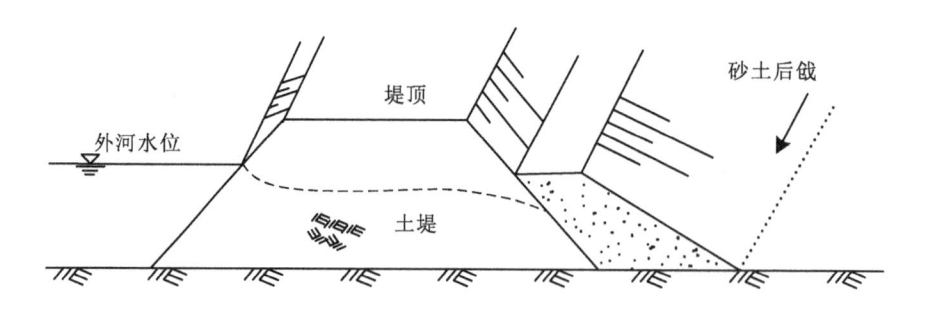

图 3-16　砂石压渗平台示意图

(2) 梢土压渗平台。当填筑砂石压渗平台缺乏足够物料时,可采用梢土压渗平台。其外形尺寸以及清基要求与砂石压渗平台基本相同,见图 3-17,梢土压渗平台厚度为 1~1.5 m。贴坡段及水平段梢料均为三层,中间层粗,上、下两层细。

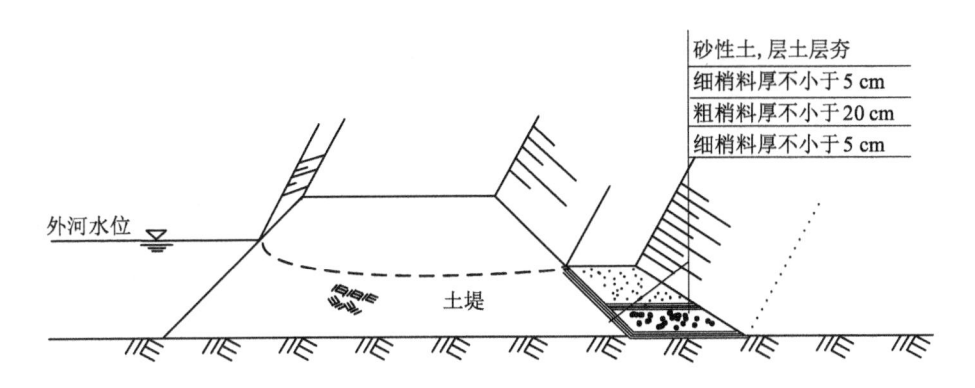

图 3-17　梢土压渗平台示意图

### 三、注意事项

(1) 抢护渗水险情,应尽量避免在渗水范围内来往践踏,以免加大加深稀软范围,造成施工困难和扩大险情。

(2) 如渗水堤段的堤脚附近有潭坑、池塘,在抢护渗水险情的同时,应在堤脚处抛填块石或土袋固基,以免因堤基变形而扩大险情。

(3) 砂石导渗要严格按质量要求分层铺设,要尽量减少在已铺好的层面上践踏,以免造成滤层的人为破坏。

(4) 采用梢料作为导渗、抢险材料能就地取材,施工简便,效果显著,但梢料容易腐烂,汛后须拆除,重新采取其他加固措施。

(5) 在土工织物以及土工膜、土工编织袋等化纤材料的运输、存放和施工过程中,应尽量避免和缩短其直接受阳光暴晒的时间,并在工程完工后,在其顶部覆盖一定厚度的保护层。

(6) 切忌在背水侧用黏性土做压渗平台或用不透水织物铺盖,因为这样会阻碍渗流逸出,势必抬高浸润线,导致渗水范围扩大和险情恶化。

## 第四节　接触冲刷险情的抢护

### 一、抢护原则

穿堤结构物自身破坏或与堤身接合部位的缺陷都将造成接触冲刷险情。因此抢险的原则是"前截后滤加围堵"。前截就是采取措施截断水源,后滤就是滤水留土,围堵就是在一定距离外筑二道坝降低水位差,减轻险情的危害程度。

### 二、抢护方法

**1. 临水堵截**

(1) 抛填黏土截渗

① 适用范围。临水不太深,风浪不大,附近有黏土料,且取土容易、运输方便。

② 备料。由于穿堤建筑物进水口在汛期伸入江河中较远,在抛填黏土时,需要土方量大,为此,要充分备料,抢险时最好能采用机械运输,及时抢护。

③ 坡面清理。黏土抛填前,应清理建筑物两侧临水坡面,将杂草、树木等清除,以使抛填的黏土能较好地与临水坡面接触,提高黏土抛填效果。

④ 抛填尺寸。沿建筑物与堤身、堤基接合部抛填,高度以超出水面 1 m 左右为宜,顶宽 2~3 m。

⑤ 抛填顺序。一般是从建筑物两侧临水坡开始抛填,依次向建筑物进水口方向抛填,最终形成封闭的防渗黏土斜墙。

(2) 临水围堰

当临水侧有滩地,水流流速不大,而接触冲刷险情又很严重时,可在临水侧抢筑围堰,截断进水,达到制止接触冲刷的目的。临水围堰一定要绕过建筑物顶端,将建筑物与土堤及堤基接合部位围在其中。可从建筑物两侧堤顶开始进占抢筑围堰,最后在水中合龙。也可用多条船连接或圆弧形浮桥作为水上作业平台进行抛填,加快施工进度,及时抢护。在临水截渗时,靠近建筑物侧墙和涵管附近不要用土袋抛填,以免产生集中渗漏;切忌乱抛块石或块状物,以免架空,达不到截渗目的。

**2. 堤背水侧导渗**

（1）反滤围井

当堤内渠道水不深时（小于 2.5 m），在接触冲刷水流出口处修筑反滤围井，将出口围住并蓄水，再按反滤层要求填充反滤料。为防止围井内水位过高引起新的险情发生，可以调整围井内水位，直至最佳状态为止，即让水排出而不带走砂土。具体方法见管涌抢护方法中的反滤围井。

（2）围堰蓄水反压

在建筑物出口处修筑较大的围堰，将整个穿堤建筑物的下游出口围在其中，然后蓄水反压，达到控制险情的目的。其原理和方法与抢护管涌险情的蓄水反压相同。

在堤背水侧反滤导渗时，切忌用不透水料堵塞，以免引起新的险情。在堤背水侧蓄水反压时，水位不能抬得过高，以免引起围堰倒塌或周围产生新的险情。同时，由于水位高、水压大，围堰要有足够的强度，以免造成围堰倒塌而出现溃口性险情。

**3. 筑堤**

当穿堤建筑物已发生严重的接触冲刷险情而无有效抢护措施时，可在堤临水侧或堤背水侧筑新堤封闭，汛后做彻底处理。具体方法如下。

（1）方案确定

首先应考虑抢险预案措施，根据地形、水情、人力、物力、抢护工程量及机械化作业情况，确定是筑临水围堤还是背水围堤。一般在堤背水侧抢筑新堤要容易些。

（2）筑堤线路确定

根据河流流速、滩地的宽窄情况及堤内地形情况，确定筑堤线路；同时根据工程量大小以及抢护时限，确定筑堤的长短。

（3）筑堤清基要求

确定筑堤方案和线路后，筑堤范围也即确定。首先应清除筑堤范围内的杂草、淤泥等，特别是新、老堤接合部位应清理彻底。否则一旦新堤挡水，造成接合部集中渗漏，将会引发新的险情。

（4）筑堤填土要求

一般选用含砂少的壤土或黏土，严格控制填土的含水量、压实度，使填土充分夯实或压实，填筑要求可参考有关堤防填筑标准。

### 三、注意事项

（1）接触冲刷险情发展很快，直接危及建筑物与堤防的安全，所以抢险时，应抢早抢小，一气呵成。

（2）临水截渗时，在靠近建筑物侧墙和涵管附近，切忌乱抛块石或块状物，以免导致架空，达不到截渗目的；也忌用土袋抛填，以免产生集中渗漏。

（3）在堤防背水侧反滤导渗时，切忌用不透水材料堵塞，以免引起新的险情。

（4）在堤防背水侧蓄水反压时，水位不能抬得过高，且围堰要有足够的强度，以免引起围堰倒塌或周围产生新的险情。

## 第五节　漫溢险情的抢护

### 一、抢护原则

漫溢险情的抢护应及时、果断，不误时机，就地取材，不留缺口，劳力机械要充足，力争下一个洪峰到来之前全线完成。

堤坝防漫溢的方法，不外乎泄、蓄、分三个方面。泄是指为避免水漫洪溢，或库坝、堤堰溃塌而造成严重的灾害，开闸向下游泄洪区排水的措施；蓄和分是利用上游水库进行调度调蓄，或沿河采取临时性分洪、滞洪和行洪措施。此外，对于水库堤坝漫溢险情，除了与堤防一样抢修子堤（子埝）外，还可采取启用非常溢洪道，或炸开副坝等非常措施。

### 二、抢护方法

通过对气象、水情、河道堤防的综合分析，对有可能发生漫溢的堤段，应抓紧洪水到来之前的时间，在堤顶上加筑子堤。首先要因地制宜，迅速明确抢筑子堤的形式、取土地点以及施工路线等，组织人力、物料、机具，全线不留缺口，完成子堤的抢筑。同时加强工程检查监督，确保子堤的施工质量，使其能承受水压，抵御洪水的浸泡和冲刷。堤顶高要超出预测推算的最高洪水位，做到子堤不过水，但从堤身稳定考虑，子堤也不宜过高。各种子堤的外脚一般都应距大堤外肩0.5～1.0 m。抢筑各种子堤前应彻底清除子堤基杂物，将表层土刨毛，以利新老土层接合，并在子堤轴线开挖一条接合槽，深 20 cm 左右，底宽 30 cm 左右。子堤的形式大约有以下几种。

**1. 黏土子堤**

现场附近拥有可供选用的含水量适当的黏性土时，可筑均质黏土子堤，不得用沼泽腐殖土或砂土填筑，要分层夯实，子堤顶宽 0.6～1.0 m，边坡不应陡于1∶1；子堤临水面可用编织布防护抗冲刷，编织布下端压在子堤基下。当情况紧急，来不及从远处取土时，堤顶较宽的可就近在背水侧堤肩的浸润线以上部分堤身借土筑子堤，如图3-18所示。这是不得已而为之，当条件许可时应抓紧修复。

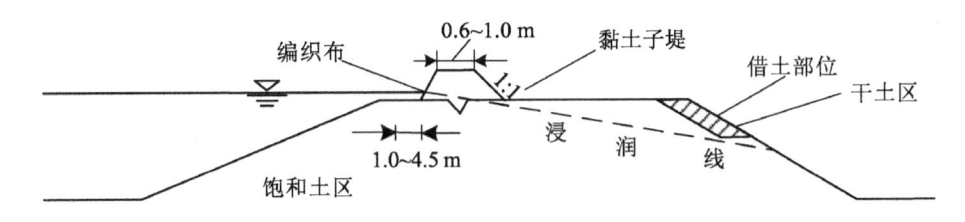

图 3-18 黏土子堤剖面示意图

**2. 土袋子堤**

这是防汛抢险中最为常用的形式，土袋临水可起防冲作用，广泛采用的是土工编织袋，麻袋和草袋亦可，汛期抢险应确保充足的袋料储备。此法便于近距离装袋和输送。为确保子堤的稳定，袋内不得装填粉细砂和稀软土，因为它们的颗粒容易被风浪冲刷吸出，宜用黏性土、砾质土或较粗的砂石料装袋。装袋 7～8 成，便于土袋砌筑服帖，袋口朝背水面，排列紧密，错开袋缝，上下袋应前后交错，上袋退后，成 1∶0.5～1∶0.3 的坡度。土袋内侧缝隙可在铺砌时分层用砂土填密实，外露缝隙用稻草、麦秸等塞严，以免袋内土料被风浪抽吸出来。土袋的背水面修土戗，应随土袋逐层加高而分层铺土夯实，如图3-19所示。

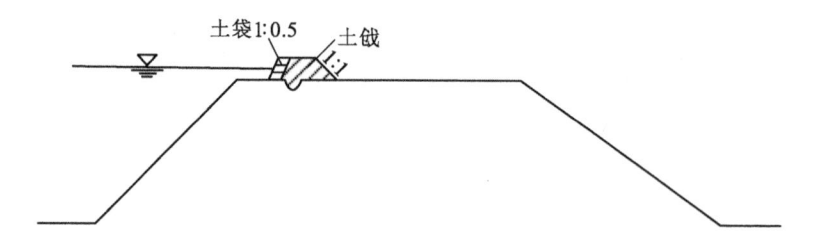

图 3-19　土袋子堤剖面示意图

**3. 桩柳(桩板)子堤**

当抢护堤段缺乏土袋,土质较差时,可就地取材修筑桩柳(桩板)子堤。将梢径 6~10 cm 的木桩打入堤顶,深度为桩长的 1/3~1/2,桩长根据子堤高而定,桩距 0.6~1.0 m,起直立和固定柳把(木板或门板)的作用。柳把是用柳枝或芦苇、秸料等捆成,起防风浪冲刷和挡土作用,长 2~3 m,直径 20 cm 左右,用铅丝或麻绳绑扎于桩后,自下而上紧靠木桩逐层叠捆。应先在堤面开挖 10 cm 的槽沟,把第一层柳把置入沟内;在柳把后面散置一层厚约 20 cm 的秸料,在其后分层铺土夯实(要求同黏土子堤)筑成土戗。也可用木板(门板)、秸箔等代替柳把。

临水面单排桩柳(桩板)子堤,顶宽 1.0 m,背水坡坡度为 1∶1,如图 3-20 所示。当抢护堤段堤顶较窄时,可用双排桩柳(桩板)子堤,里外两排桩的净桩距,桩柳取 1.5 m,桩板取 1.1 m。对应两排桩的桩顶用 18~20 号铅丝拉紧或用木杆连接牢固。两排桩内侧分别绑上柳把或散柳、木板等,中间分层填土并夯实,与堤接合部同样要开挖轴线接合槽,如图 3-21 所示。

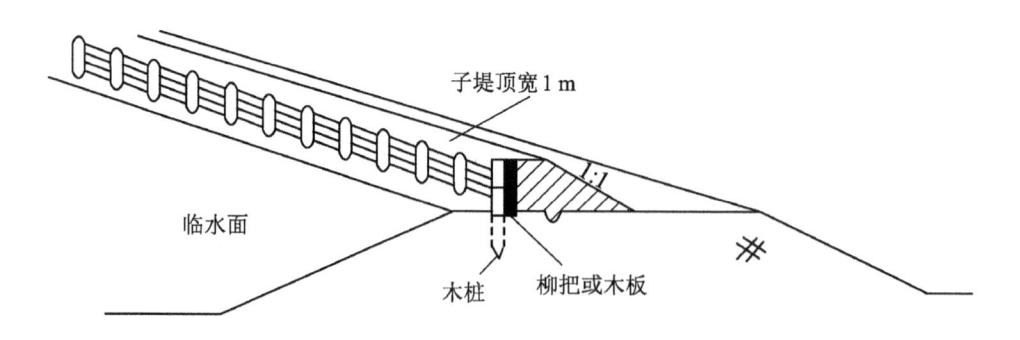

图 3-20　单排桩柳(桩板)子堤示意图

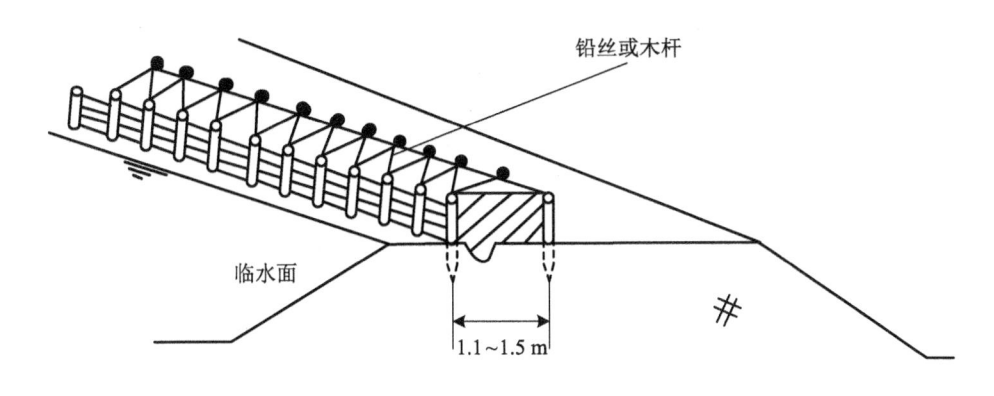

图 3-21　双排桩柳(桩板)子堤示意图

**4. 柳石(土)枕子堤**

对取土特别困难而当地柳源丰富的抢护堤段,可抢筑柳石(土)枕子堤。用 16 号铅丝扎制直径 0.15 m、长 10 m 的柳把,铅丝扎捆间距 0.3 m,由若干条这样的柳把,包裹作为枕芯的石块(或土),用 12 号铅丝按照 1 m 间距扎成直径 0.5 m 的圆柱状柳枕。柳石枕可叠置于临水面(成"品"字形),底层第一枕前缘距临水堤肩 1.0 m,在该枕两端各打木桩一个,以此固定。在该枕下挖深 10 cm 的条槽,以免滑动和渗水。枕后如同上述各种子堤,用土填筑戗体,子堤顶宽不应小于 1.0 m,边坡 1∶1。若土质差,可适当加宽顶部、放缓边坡,如图 3-22 所示。

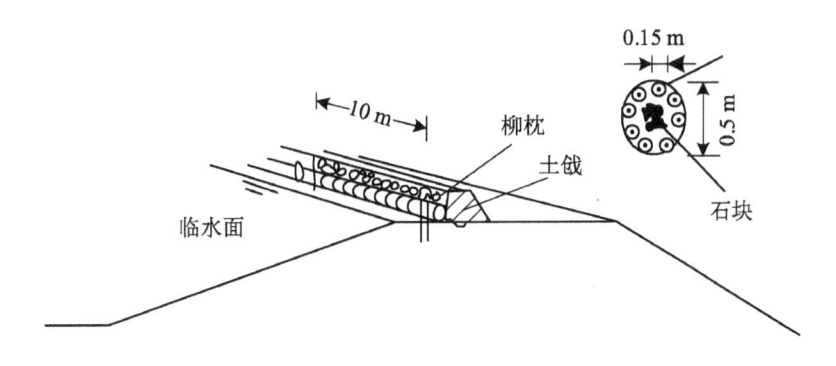

图 3-22　柳石(土)枕子堤示意图

**5. 防浪墙子堤**

如果抢护堤段原有浆砌块石或混凝土防浪墙,可以利用它来挡水,但必须在墙后用土袋加筑后戗,防浪墙体可作为临时防渗防浪面,土袋应紧靠防浪墙后叠砌(同土袋子堤)。根据需要还可适当加高挡水,其宽度应满足加高的要求,如图3-23 所示。

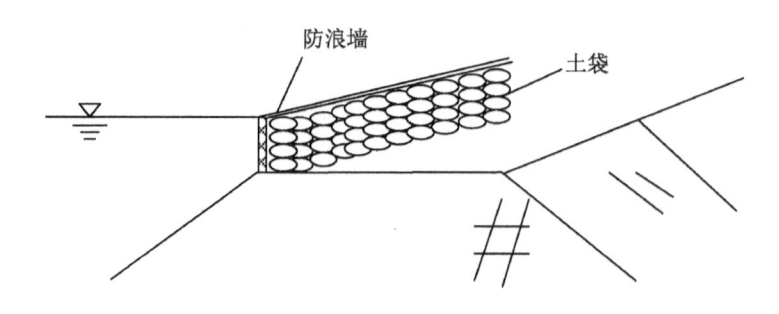

图 3-23 防浪墙子堤示意图

**6. 制式器材**

(1) 玻璃钢子堤

玻璃钢子堤如图 3-24 所示,由挡水板、支撑杆和固定桩组成。该器材为单元式,运至现场后在堤顶拼装成子堤。拼装前在子堤轴线开接合槽,然后安放子堤单元进行拼装固定,拼装结束后应将接合槽填实以防渗漏。

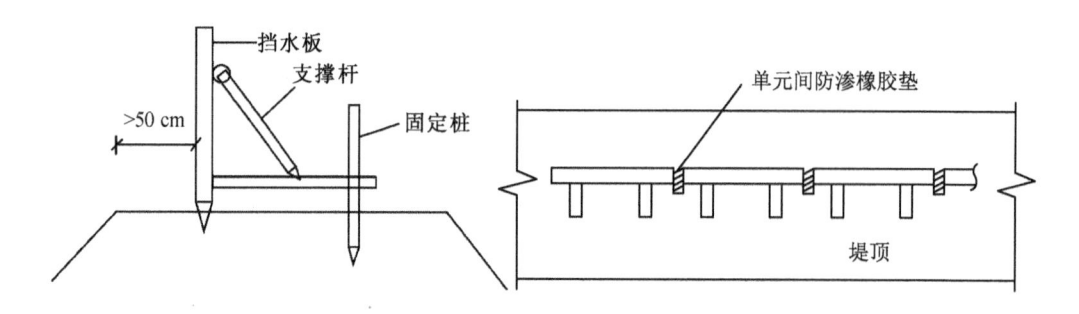

图 3-24 玻璃钢子堤示意图

(2) 水箱式子堤

水箱式子堤结构示意图如图 3-25 所示,由挡板、蓄水袋、固定桩构成。该器材运用了以水挡水的技术思路,具有较高的稳定性,对堤顶地形有较好的适应性。水箱式子堤设计为单元装配式,器材运至现场后在堤顶先进行挡板组装,并用制式板将其固定,然后在两挡板内安放蓄水袋并充水形成挡水子堤。

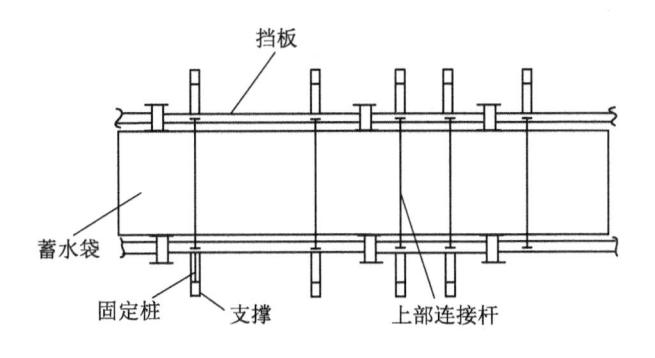

图 3-25　水箱式子堤示意图

## 三、注意事项

（1）为了争取时间，子堤断面开始可修得矮小些，然后随着水位的升高而逐渐加高培厚。

（2）抢修子堤要保证质量，以防在洪水期经不起考验，造成漫决之患。

（3）抢修子堤要全线同步施工，决不允许中间留有缺口或部分堤段施工进度过缓的现象存在。

（4）抢修完成的子堤，应派专人严密巡查，加强防守，发现问题要及时抢护。

（5）子堤切忌靠近背河堤肩，否则，不仅缩短了渗径和抬高了浸润线，而且水流漫溢原堤顶后，顶部湿滑，对行人、运料及继续加高培厚子堤的施工都极为不利。

## 第六节　风浪险情的抢护

汛期高水位时，风浪对未设护坡或护坡薄弱的土堤可能造成严重的冲刷。尤其是吹程大、水面宽深的江河湖泊堤岸的迎风面，风浪所形成的冲击力强，容易造成土堤临水坡面的破坏，削弱土堤断面，可能导致决口漫溢灾害。对于风浪险情严重的堤段应立足防患于未然，在汛前完成坚实的护坡。若有外滩条件则可种植防浪林带，缓解风浪的危害。对那些临水面尚未设置护坡的土堤，汛期要特别重视防护风浪险情。

## 一、抢护原则

风浪险情的抢护原则是"消浪防冲"。消浪就是消减风浪冲击力,防冲就是加强堤坝边坡抗冲能力。一般是利用漂浮物来削减风浪冲击力,或在堤坝坡受冲刷的范围内做防浪护坡工程,以加强堤坝的抗冲能力。

## 二、抢护方法

风浪险情的抢护方法主要有以下几种。

**1. 河段封航**

根据《中华人民共和国防洪法》第四十五条规定,在紧急防汛期,"必要时,公安、交通等有关部门按照防汛指挥机构的决定,依法实施陆地和水面交通管制",可对部分或全部河段实行封航措施,消除船舶航行波浪的危害。

**2. 堤坡防护**

对未设置护坡的土堤,可临时用防汛物料加工铺压临水堤坡面,增强其抗冲能力。

(1) 土(石)袋防护

用编织袋、麻袋或草袋装土、沙、碎石或碎砖等,平铺迎水堤坡,装袋要求与前述袋装土埝相同。此法适于土堤抗冲能力差,缺少柳、秸等软料,风浪破坏较严重的堤段,4级风可用土、沙袋,6级以上风浪应使用石袋。放置土袋前,对于水上部分或水深较浅的堤坡适当平整,并铺上土工织物,也可铺一层软草,大约0.1 m厚,起反滤作用,防止风浪把土淘出;在风浪冲击的范围内摆放土袋,底向外、口向里,互相叠压,袋间要挤压严密,上下错缝,铺设到浪高以上,确保防浪效果。如果堤坡稍陡或土质太差,土袋容易滑动,可在最下一层土袋前面打木桩一排,长度1 m,间隔0.3~0.4 m,如图3-26所示。此法制作和铺放简便灵活,可随需要增铺,但要注意土袋中的土易被冲失,草袋易腐烂,石袋为佳。

(2) 土工织物防护

在受风浪冲击的坡面铺置土工织物之前,应清除堤坡上的块石、土块、树枝等杂物,以免使织物受损。织物宽度不一,一般为4~9 m,可根据需要预先粘贴、焊接,顺堤搭接的长度不小于1 m,织物上沿一般应高出洪水位1.5~2.0 m。

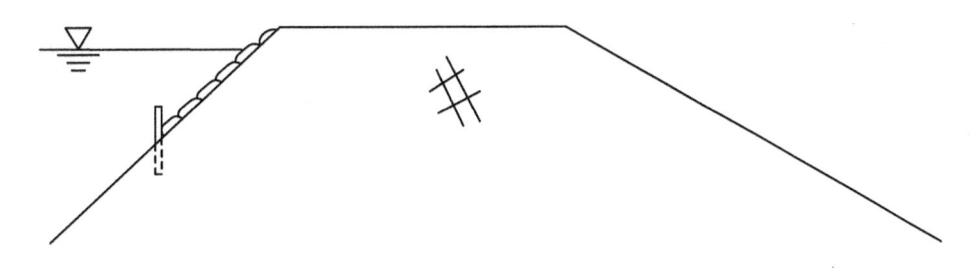

图 3-26　土(石)袋防护剖面示意图

为了避免被风浪揭开，织物的四周可用 20 cm 厚的预制混凝土压块，或用碎石袋（不宜土袋）抛压；如果堤坡过陡，压块石和石袋可能向下滑脱，在险情紧迫时，应适当多压。此外，也可如图 3-27 所示，顺堤坡每隔 2～3 m 将土工织物叠缝成条形土枕，内部充填砂石料。也可用长木料、钢管、钢轨等就便材料辅以少量打桩固定来替代土石枕。

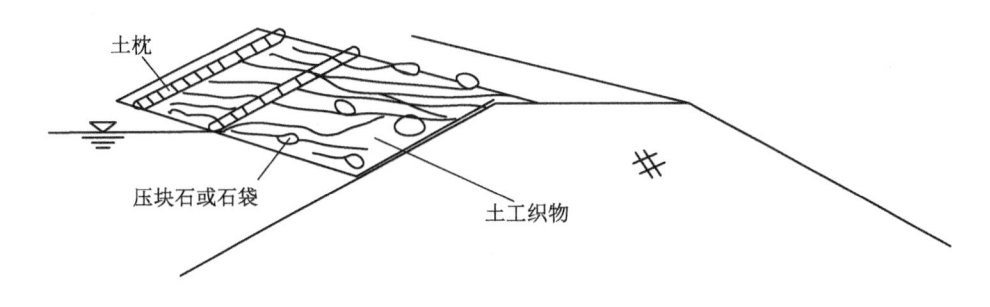

图 3-27　土工织物防护示意图

(3) 柳箔防护

如图 3-28 所示，将柳、苇、稻草或其他秸料编织成席箔，铺在堤坡并加以固定，其抗冲、抗淘刷性也较好。具体做法是：将柳条用 18 号铅丝捆扎成直径 0.1 m、长约 2 m 的柳把，再连成柳箔，其上端以 8 号铅丝或绳缆系在堤顶打牢的木桩上，木桩 1 m 长，在距临水堤肩 2～3 m 处，打上一排，间隔 3 m 一个。柳箔下端适当坠以块石或土袋，使柳箔贴在堤坡上，柳把方向与堤线垂直，必要时可在柳箔面上再压块石或沙袋，防止其漂浮或滑动。必须把高低水位范围内被波浪冲刷的坡面全部护住，如果铺得不严密，堤土仍很容易被水淘出。使用此方法要随时观察，防止木桩及起固定作用的沙袋被风浪冲坏。

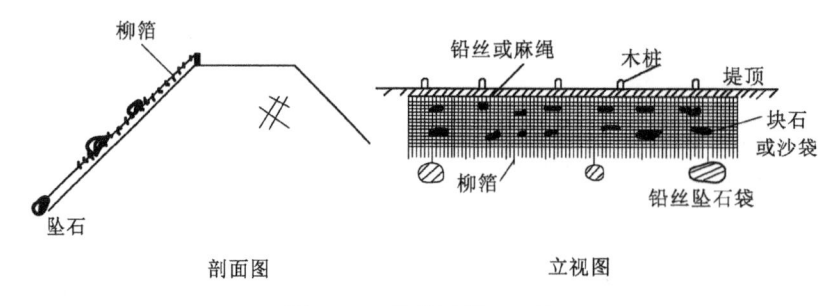

图 3-28 柳箔防护示意图

(4) 柴草(桩柳)防护

如图 3-29 所示,在受风浪冲击的堤坡水面以下打一排签桩,把柳、芦、秸料等梢料分层铺在堤坡与签桩之间,直到高出水面 1 m,以石块或土袋压在梢料上面,防止漂浮。当水位上涨,一级防护不够时,可退后同法做二级或多级防护。

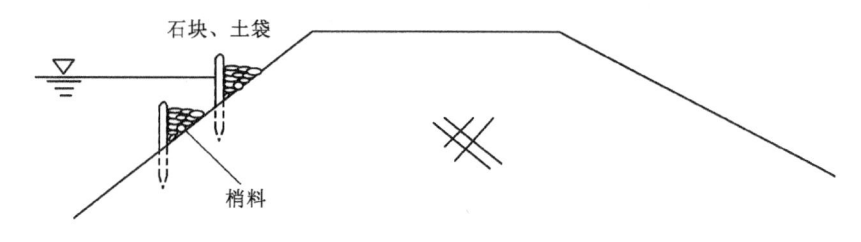

图 3-29 柴草(桩柳)防护剖面示意图

(5) 土工膜防浪

采用土工膜、土工编织布或其他土工织物防浪,在认真铺设的条件下,能够成功地抵抗波浪对堤坝的破坏作用,保护边坡安全。如图 3-30 所示,具体做法如下。

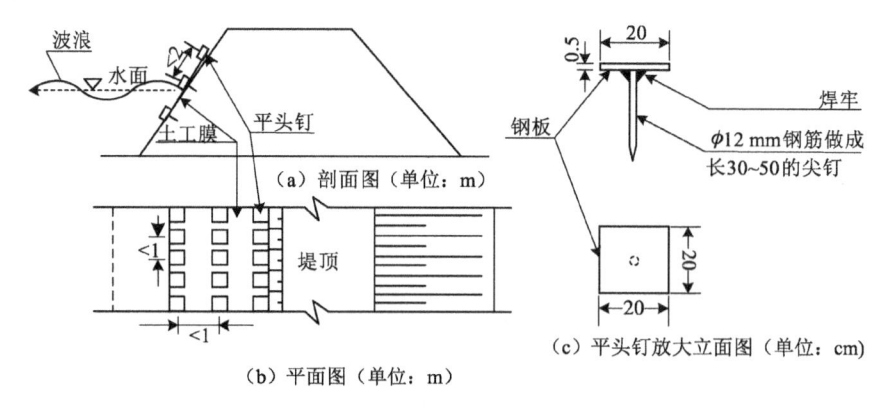

图 3-30 土工膜防浪示意图

① 膜的宽度应按堤坝受风浪冲击的范围决定，一般不小于 4 m，较高的堤坝可宽达 8~9 m。膜宽不足时，应按需要预先粘贴或焊接牢固。膜的长度短于保护段的长度时，允许搭接，搭接的长度不小于 1 m，并应在铺设中钉压牢固，以免被风浪揭开。

② 应将铺设范围内坡面的块石、土块、树枝、杂草等清除干净。最好在洪水到来之前坡面仍处于干燥时铺好，膜的上沿一般应高出洪水位 1.5~2.0 m。铺法详见本章土工膜截渗的方法。

③ 膜的四周用间距为 1 m 的平头钉钉牢，上下平头钉的排距不得超过 2 m，超过时可在膜的中部加钉一排或多排。平头钉由 20 cm 见方、0.5 cm 厚的钢板垫中心焊上一个 30~50 cm 长、12 mm 粗的钢筋做成的尖钉制成，这是土工膜防浪的一种比较可靠的固定方法。

④ 如平头钉制作有困难时，可用 30 cm 见方、20 cm 厚的预制混凝土块或碎石袋代替，其位置与平头钉相同。如用土袋代替时，在风浪冲击作用下袋内土料有被冲掉的可能，同时边坡陡于 1∶3 时，有可能沿土工膜滑脱；因此，只有在险情紧迫时才采用土袋，且应适当多压，并加强观察，随时注意采取补救措施。

**3. 消浪防护**

为削减波浪的冲击力，可以在靠近堤坡的水面漂浮芦柴、柳枝、湖草和木杆等材料的捆扎体，设法锚定，防止被风浪水流冲走。消浪方法具体有以下几种。

(1) 柳枝消浪

凡沿江河湖泊堤防种植柳树，很多的地方可用此法。用大柳树枝叶多的上部，要求枝干长 1 m 以上，枝径 0.1 m 左右，也可几棵捆扎使用。在堤顶打木桩，桩长 1.5~2 m，直径 0.1~0.15 m，桩距 2~3 m，用 8 号铅丝或绳子把柳枝干的头部系在木桩上，树梢伸向堤外，并在树杈处捆扎石(沙)袋，使树梢沉入水下，顺堤边坡推柳入水，如图 3-31 所示。如果堤坡已有坍塌，则从其下游向上游顺序逐棵压荐。应根据溜坡和坍塌情况确定棵间距及挂深，在主溜坡附近要挂密一些，边上挂稀一些，根据防护的需要可在已挂柳枝之间，再补荐签挂。此法一般适用于 4~5 级风浪下，枝梢面大，消浪作用较好，但要注意枝梢摇动损坏坡面。当柳叶腐烂失效时，可采取补救措施，防止降低效能。

图 3-31 柳枝消浪示意图

(2) 枕排消浪

将柳枝、芦苇或秸料扎成枕,其直径 0.5~0.8 m。直的堤用长枕,可达 30~50 m,弯度大的堤用短枕。枕芯卷入直径 5~7 cm 的竹缆 2 根或粗 3~4 cm 的麻绳作龙芯,枕的纵向隔 0.6~1.0 m 用 10~14 号铅丝捆扎。在堤顶距临水堤肩 2~3 m 到背水坡之间打木桩,桩长 0.8~1.2 m,桩距 3~5 m,用绳缆将枕拴牢于桩上,绳缆可以收紧或松开,使枕随水位变化而上下移动,起到消浪作用。沿堤只挂一排枕称为单枕。也可用绳缆竹竿把两排或更多的枕捆扎在一起形成枕排,如图 3-32 所示。最外面迎击风浪的枕径要大一些,适当拴上块石或沙袋,后面的枕径可小一些,以消除余浪。枕排要比单枕牢固,可防七级以下的风浪。此法不损坏堤坡面,消浪效果好,制作简单。

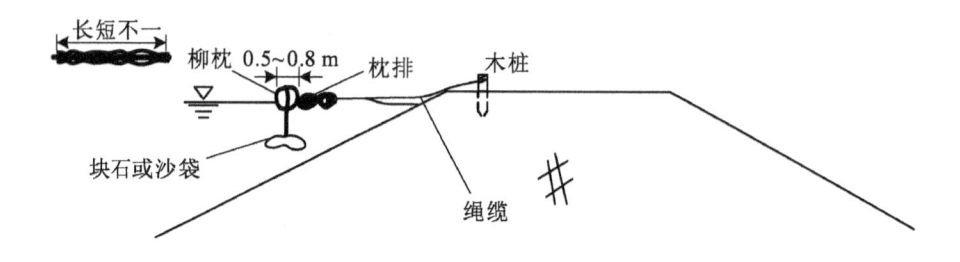

图 3-32 枕排(单枕、多枕)消浪示意图

(3) 湖草排消浪

汛期割下湖区菱、荄等各种浮生水草,编扎草排,有些蔓生植物可用木杆、竹竿捆扎成排,如图 3-33 所示。排的面积尽可能大。拴固方法同上述枕排。缺湖草时,也可用其他软草代替。此法防浪效果好,造价低,但易被风浪破坏。

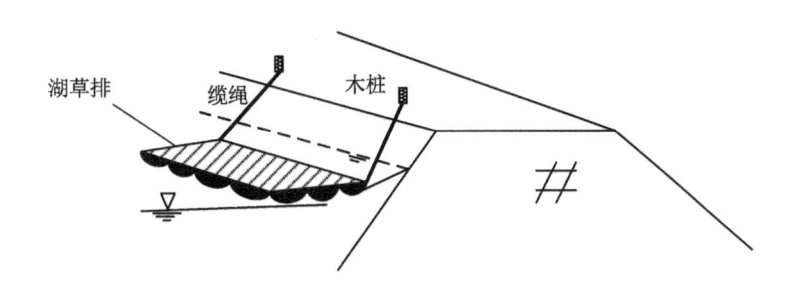

图 3-33　湖草排消浪示意图

(4) 木(竹)排消浪

使用木排或竹排消浪,效果较好,结构比其他排牢固、耐用,汛后还可回收利用,但用量大,锚定困难。将直径 5~15 cm 的圆木以绳缆或铅丝捆扎,重叠 3~4 层,使厚度为 30~50 cm(一般为水深的 1/20~1/10 效果较好),宽度为 1.5~2.5 m(越宽效果越好),长度为 3~5 m,可把几个木排连接起来,圆木间的空隙约为圆木直径的一半,可夹以芦柴把和柳把等,节省木材用量,降低造价。用竹与圆木处理办法相同。为了增强防浪效果,应在竹木排下面坠以块石或石袋。防浪木(竹)排应抛锚固定在堤边坡以外,距堤坡一般为浪长的 2~3 倍,如图 3-34 所示。锚链长度应稍大于水深。若木排较小,可以直接拴在堤顶木桩上,但要随时调整绳缆,防止撞击堤身。

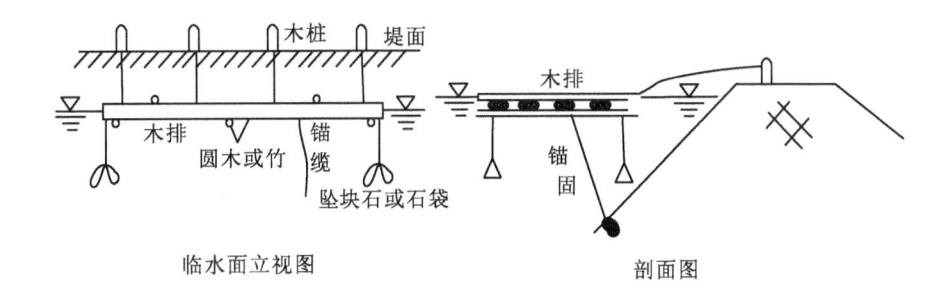

图 3-34　木(竹)排消浪示意图

以上防浪措施都要注意不要对堤身造成过分损伤。例如,打木桩不宜过密过深,以免破坏堤身土体结构,降低自身的抗洪能力。

(5) 土工格室消浪排

这种消浪排是将土工格室拉张后由竹竿捆扎固定形成消浪设施。土工格室消浪排操作便利,便于储存,固定于岸边水域,具有较好的消浪效果。

### 三、注意事项

(1) 消浪器材必须锚固牢靠,避免消浪排移位、随浪冲撞堤坡,造成更大险情。

(2) 抢护风浪险情尽量不要在边坡上打桩,必须打桩时,桩距要疏,以防破坏土体结构,影响堤坝抗洪能力。

(3) 防风浪一定要坚持"预防为主,防重于抢"的原则,平时要加强管理养护,备足防汛物料,避免或减少出现抢险被动局面。

(4) 汛期抢做临时防浪措施,使用物料较多,效果较差,容易发生问题。因此,在风浪袭击严重的堤段,如临河有滩地,应及时种植防浪林并应种好草皮护坡,这是一种行之有效的防风浪生物措施。

# 第四章
# 堤防土体失稳的抢险技术

## 第一节 临水坡滑坡险情的抢护

### 一、抢护原则

临水坡滑坡的抢护原则是护脚止滑,削坡减载。

### 二、抢护技术

**1. 增加抗滑力**

(1) 做土石戗台。采用本抢护方案的条件是:堤脚前未出现崩岸与坍塌险情,堤脚前滩地是稳定的。戗台从堤脚往上做,分二级,第一级厚度1.5~2.0 m,第二级厚度1.0~1.5 m,如图4-1所示。

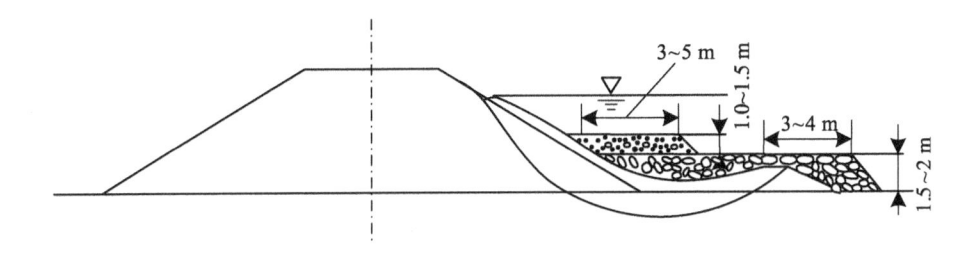

图4-1 土石戗台断面示意图

(2) 做石撑。当做土石戗台有困难时,比如滑坡段较长、土石料紧缺时,应做石撑临时稳定滑坡。该法适用于滑坡段较长,水位较高的情况。采用此法的条件与做土石戗台的条件相同。石撑宽度4~6 m,坡比1∶5,撑顶高度不宜高于滑坡体的中点高度,石撑底脚边线应超出滑坡下出口3 m,如图4-2所示。石撑的间隔不宜大于 10 m。

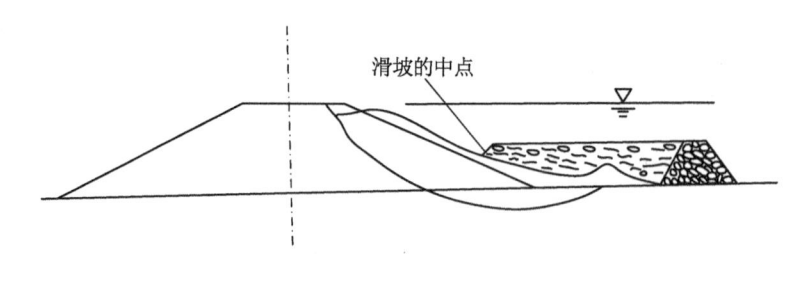

图 4-2　石撑断面示意图

(3) 堤脚压重。如滑坡是由于堤前滩地崩岸、坍塌而引起的，首先要制止崩岸的继续发展，最简单的办法是往堤脚抛石块、石笼、编织袋装土石等抗冲压重材料，在极短的时间内制止崩岸与坍塌进一步发展（崩岸抢护详见本章第三节）。

**2. 背水坡贴坡补强**

当临水坡水位较高，风浪大，做土石戗台、石撑等有困难时，应在背水坡及时贴坡补强。贴坡的厚度应视临水坡滑坡的严重程度而定，一般应大于滑坡的厚度，贴坡的坡度应比背水坡的设计坡度略缓，如图 4-3 所示。贴坡材料应选用透水的材料，如砂、砂壤土等。如没有透水材料，必须做好贴坡与原堤坡间的反滤层（反滤层做法与渗水抢险中的背水坡反滤导渗法相同）。背水坡贴坡的长度要超过滑坡两端各 3 m。

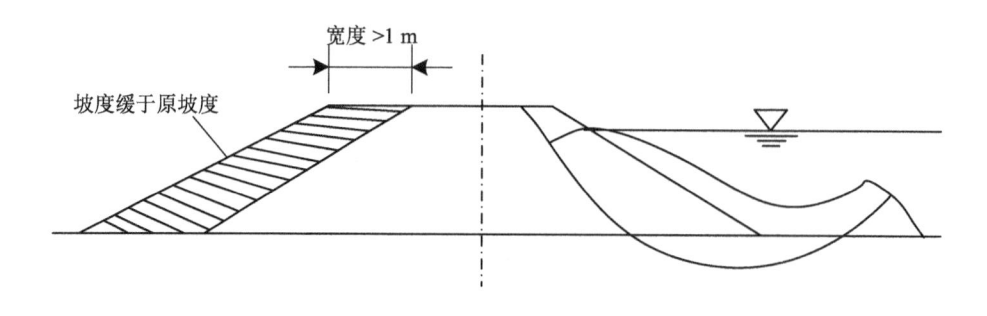

图 4-3　背水坡贴坡补强示意图

### 三、注意事项

(1) 滑坡是堤防的一种严重险情，一般发展很快，一经发现就应立即处理。

抢护时要抓紧时机,把物料准备齐全,一气呵成。在险情十分严重、采用单一措施无把握时,或伴有严重渗水等险情时,可视情况同时采用多种抢护方法,如抛石固脚、填塘固基、滤水土撑、滤水还坡等。

(2) 为防止滑坡发展、造成严重险情,应注意以下情况的观测:①高水位时期;②水位骤降时期;③持续大暴雨时;④冰凌开河期。当发现有滑坡时,应及时抢护,防止险情扩大。

(3) 在滑动土体的上部只能用削坡的办法减少滑动力,绝不能在滑动土体的上部、中部用加压的办法阻止滑坡。在滑动土体的上、中部也不能用打桩的方法来阻止土体滑动。

(4) 对于由于水流冲刷引起的临水坡滑坡,其抢护方法可参照崩岸抢险的方法进行。在临水滑坡抢护的过程中,要特别注意确保人身安全。

## 第二节 背水坡滑坡险情的抢护

### 一、抢护原则

背水坡滑坡的抢护原则是"导渗还坡、恢复边坡完整"。如临水条件好时,可同时采取临水帮戗措施,以减少渗流,进一步稳定堤身;如堤坝单薄、质量差,作为对削坡的补救,应采取加筑后戗的措施,予以加固;如基础不好,或靠近背水坡脚有水塘,在采取固基或填塘措施后,再行还坡。

### 二、抢护技术

**1. 减小滑动力**

(1) 削坡减载。削坡减载是处理堤防滑坡最常用的方法,该法施工简单,一般只用人工削坡即可。但在滑坡还在继续发展、没有稳定之前,不能进行人工削坡。一定要等滑坡已经基本稳定后(大约半天至1天时间)才能施工。一般情况下,可将削坡下来的土料压在滑坡的堤脚上做压重用。

(2) 在临水坡上做截渗铺盖。当判定滑坡是由渗流引起时,及时截断渗流是缓解险情的重要措施之一。采用此法的条件是:坡脚前有滩地,水深也较浅,附近有黏土可取。

(3) 及时封堵裂隙。滑动体与堤身间的裂隙应及时处理,以防雨水沿裂隙渗入滑动面的深层,从而保护滑动面深处土体不再浸水软化,强度不再降低。封堵裂隙的办法有:用黏土填筑捣实,如没有黏土,也可就地捣实后覆盖土工膜。该法与上述截渗铺盖一样只能维持滑坡不再继续发展,不能根治滑坡。

(4) 在背水坡面上做导渗沟。经导渗沟及时排水,可以进一步降低浸润线,减小滑动力。

**2. 增加抗滑力**

增加抗滑力才是保证滑坡稳定、彻底排除险情的主要办法。增加抗滑力的有效办法是增加抗滑体本身的重量,这种办法见效快,施工简单,易于实施。

(1) 做滤水反压平台(滤水后戗)。如用砂、石等透水材料做反压平台,在平台前无须再做导渗沟。否则,应在平台前坡面上做导渗沟,沟深20~40 cm,沟间距3~5 m。做好导渗沟后,即可做反压平台,不能将导渗沟通向堤外的渗水通道阻塞。反压平台在滑坡长度范围内应全面连续填筑,反压平台两端长度应超过滑坡端部3 m。第一级平台厚2 m,平台边线应超出滑坡隆起点3 m,第二级平台厚1 m,如图4-4所示。

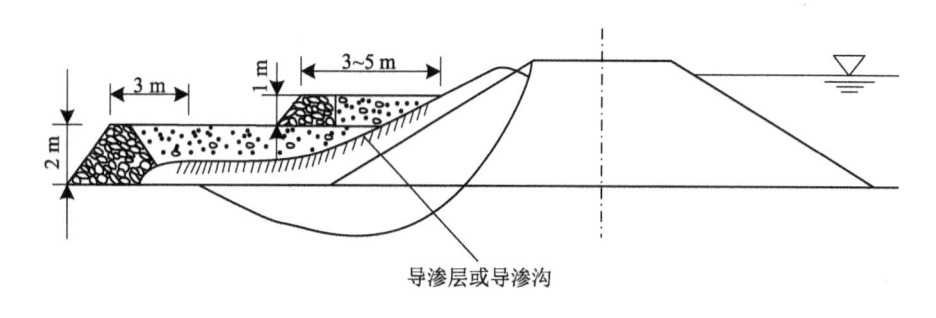

图 4-4 滤(透)水反压平台断面示意图

(2) 做滤水土撑。在滑坡范围很大,土石料供应又紧张的情况下,可做滤水土撑。每个土撑宽度5~8 m,坡比1∶5。撑顶高度不宜高出滑坡体的中点高度。这样做能保证土撑基本上压在阻滑体上。土撑底脚边线应超出滑坡下出口3 m,土撑的间隔不宜大于10 m。土撑的断面如图4-5所示。

(3) 堤脚压重。因在堤脚下挖塘或建堤时取土,未回填使堤脚失去支撑而引起滑坡时,要尽快用土石料将塘填起来。至少应及时把堤脚已滑移的部位用

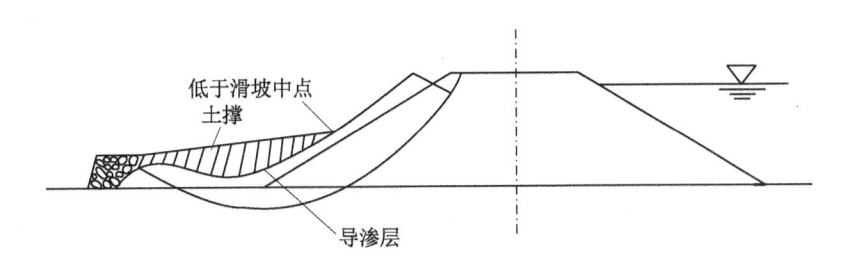

图 4-5  滤(透)水土撑断面示意图

土石料压住,但切忌将压重加在滑动体中点以上部位。在堤脚稳住后再实施其他抢护方案。抢护滑坡施工不应采用打桩等办法,因为震动会引起滑坡的继续发展。

**3. 滤水还坡**

如堤身填筑质量符合设计要求,在正常设计水位条件下堤坡是稳定的。但在汛期出现了超设计水位的情况下,渗流压力超过设计值将会引起浅层滑坡。此时,只要解决好堤坡的排水即可将滑坡处恢复到原设计边坡高度,此为滤水还坡。

(1) 导渗沟滤水还坡。清除滑动体后,先在坡面上做导渗沟,用无纺土工布将导渗沟覆盖。再用砂性土填筑到堤坡原有高度,如图 4-6 所示。导渗沟的开挖,应从上至下分段进行,切勿全面同时开挖。

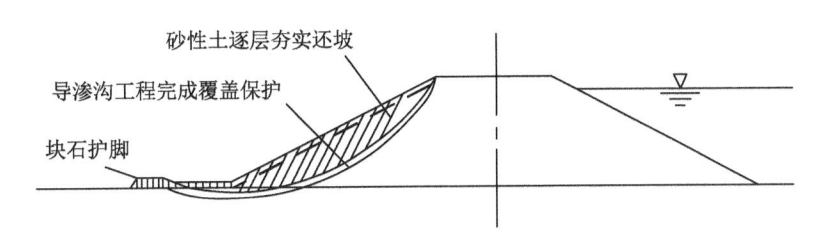

图 4-6  导渗沟滤水还坡示意图

(2) 反滤层滤水还坡。该法与导渗沟滤水还坡法一样,其不同之处是将导渗沟滤水改为反滤层滤水。反滤层的做法与渗水抢险中的背水坡反滤导渗的做法相同。

(3) 梢料滤水还坡。当缺乏砂石等反滤料时可用此法。具体做法是:清除滑坡的滑动体,按一层柴一层土夯实填筑,直到恢复滑坡前的断面。柴可用芦柴、柳枝或其他秸秆,每层柴厚至少 0.3 m,每层土厚 1～1.5 m。梢料滤水还坡断面如图 4-7 所示。

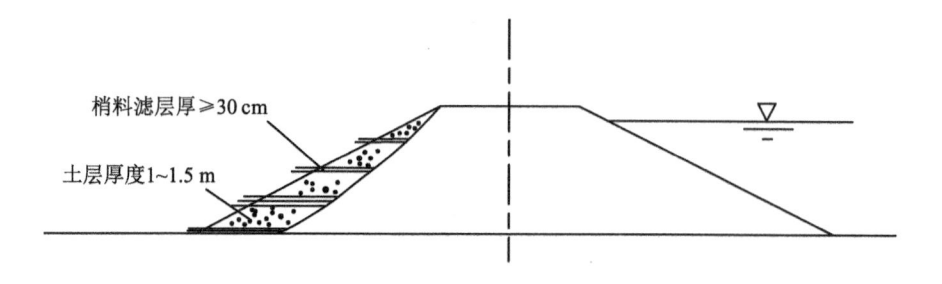

图 4-7 梢料滤水还坡示意图

用梢料滤水还坡抢护的滑坡,汛后应清除,重新用原筑堤土料还坡,以防梢料腐烂后影响堤坡的稳定。

(4) 砂土还坡。砂土透水性良好,用砂土还坡,坡面不需做滤水处理。将滑坡的滑动体清除后,最好将坡面做成台阶形状,再分层填筑夯实,恢复到原断面。如果用细砂还坡,边坡应适当放缓。

砂土还坡时,一定要严格控制填土的速率,当坡面土壤过于潮湿时,应停止填筑。最好在坡面反滤排水正常以后,在严格控制填土速率的条件下填土还坡。

## 三、注意事项

(1) 滑坡是堤坝的一种严重险情,一般发展很快,一经发现就应立即处理。抢护时要抓紧时机,把物料准备齐全,争取一气呵成。在险情十分严重、采用单一措施无把握时,可考虑临背水两侧同时抢护或多种方法并行抢护,以确保堤防安全。

(2) 在滑坡体上做导渗沟,应尽可能挖至滑裂面,否则起不到导渗作用,反而有可能跟随土坡一起滑下来。如情况严重,时间紧迫,至少应将沟的上下端大部分挖至滑裂面,以免工程失败。导渗材料的顶部要做好覆盖保护,切记勿使滤层堵塞,以利排水畅通。

(3) 渗水严重的滑坡体上,要避免大批人员践踏,以免险情扩大。如坡脚泥泞,人不能上去,可铺些柴草,先上去少数人工作。在滑动土体的中、上部不能用加压的办法阻止滑坡,因土体开始滑动后,土体结构已经破坏,抗滑能力降低,加重后就加大了下滑动力,会进一步促进土体滑动。一般在滑动体的上、中部也不能用打桩阻滑,如必须打桩,所用木桩要有足够的直径和长度(据经验,直径15~20 cm 的木桩只能挡住厚 1 m 左右的土)。如果内脱坡土体含水量饱和,或者堤坡较陡时,排桩非但难以阻挡滑脱的土体,反而会导致险情扩大。如堤基地质条件好,透水性小,在堤脚可打桩阻滑,但要密切注意,不能穿透至强透水层,以免导致险情恶化。

(4) 背水滑坡部分,土壤湿软,承载力不足,在填土还坡时,必须注意观察,上土不宜过急、过量,以免超载,影响土坡稳定。

## 第三节　崩岸险情的抢护

### 一、抢护原则

临水崩塌抢护原则是:缓流挑流,护脚固坡,减载加帮。

抢护的实质:一是增强堤坝的稳定性,如护脚固基、外削内帮等;二是增强堤坝的抗冲能力,如护岸护坡等。

### 二、抢护技术

**1. 护脚固基抗冲**

(1) 抛块石。抛投块石应从险情最严重的部位开始,依次向两边展开。首先将块石抛入冲坑最深处,逐步从下层向上层,以形成稳定的阻滑体。在抛石过程中,要随时测量水下地形,掌握抛石位置,以达到稳定坡度(一般为 1∶1.5~1∶1)为止,如图 4-8 所示。

抛投块石应尽量选用大的块石,以免流失。在条件许可的情况下,应通过计算确定抗冲抛石粒径。在流速大、紊动剧烈的坝头等处,石块重量一般应为30~75 kg;在流速较小、流态平稳的顺坡坡脚处,块石重量一般也不应小于15 kg。

抛石的落点受流速、水深、石重等因素的影响。在抛投前应先进行简单现场试验,测定抛投点与落点的距离,然后确定抛投船的泊位。可根据荆江堤防工程

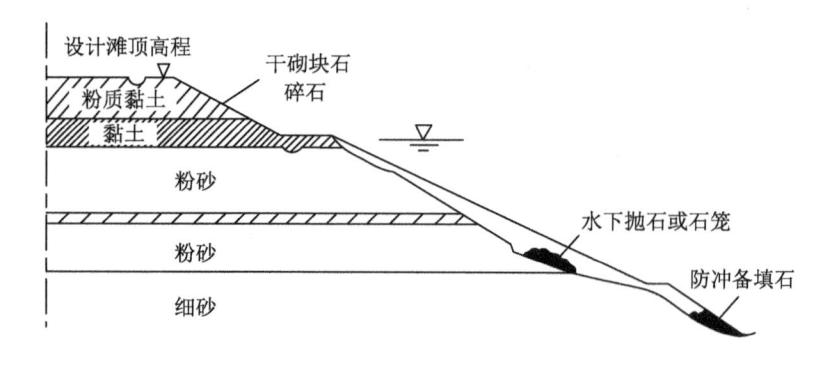

图 4-8 抛石块、石笼等示意图

多年的实测资料,按表4-1的抛石位移查对表,进行初步定位。

表 4-1　抛石位移查对表　　　　　　　　　单位(m)

| 块石重量(kg) | 水深10 m时流速(m/s) | | | | 水深15 m时流速(m/s) | | | | 水深20 m时流速(m/s) | | | |
| --- | --- | --- | --- | --- | --- | --- | --- | --- | --- | --- | --- | --- |
|  | 0.5 | 0.8 | 1.1 | 1.4 | 0.5 | 0.8 | 1.1 | 1.4 | 0.5 | 0.8 | 1.1 | 1.4 |
| 30 | 3.6 | 5.7 | 7.9 | 10 | 5.4 | 8.6 | 11.8 | 15.1 | 7.2 | 11.4 | 15.7 | 20.1 |
| 50 | 3.2 | 5.2 | 7.2 | 9.2 | 4.9 | 8 | 10.8 | 13.8 | 6.6 | 10.5 | 14.4 | 18.5 |
| 70 | 3.1 | 5 | 6.9 | 8.7 | 4.7 | 7.5 | 10.3 | 13.1 | 6.3 | 10 | 13.8 | 17.4 |
| 90 | 3 | 4.8 | 6.6 | 8.4 | 4.5 | 7.2 | 9.9 | 12.5 | 6 | 9.6 | 13.1 | 16.7 |
| 110 | 2.9 | 4.6 | 6.4 | 8.1 | 4.4 | 7 | 9.6 | 12.2 | 5.8 | 9.3 | 12.7 | 16.2 |
| 130 | 2.8 | 4.5 | 6.2 | 7.9 | 4.2 | 6.8 | 9.3 | 11.8 | 5.6 | 9 | 12.4 | 15.8 |
| 150 | 2.7 | 4.4 | 6 | 7.7 | 4.1 | 6.6 | 9 | 11.5 | 5.5 | 8.8 | 12.1 | 15.4 |

在水深流急情况下抛石,应选择突击抢抛的施工方法。集中力量,一次性抛入大量块石,避免零抛散堆,造成块石流失。从堤岸上抛投时,为避免砸坏堤岸,应运用滑板,保持块石平稳下落。当堤岸抛石的落点不能达到冲坑最深处时,还应用船只抛投。

(2) 抛石笼。块石体积较小时,可抛投石笼。抛笼应从险情严重部位开始,并连续抛投至一定高度,使坡度达到1:1。应预先编织、扎结铅丝网、钢筋网或竹网,在现场充填石料。石笼体积一般应为 $1.0 \sim 2.5 \ m^3$,具体大小应视现场抛投手段而定。

抛投石笼可在距水面较近的堤坡平台上或船只上实施。船上抛笼,可将船只锚定在抛笼地点直接下投,以便较准确地抛至预计地点。抛笼完成以后,应全面进行一次水下探摸,将笼与笼接头不严之处,用大块石抛填补齐。

(3) 抛土袋。在缺乏石料的地方,可利用草袋、麻袋或土工编织袋充填土料进行抛投护脚。在抢险情况下,采用这一方法是可行的。其中土工编织袋又优于草袋、麻袋,相对较为坚韧耐用。

每个土袋重量宜在 50 kg 以上,袋中装土的充填度为 70%～80%,以充填砂土、砂壤土为好,装填完毕后用铅丝或尼龙绳绑扎封口。可从船只上,或从堤岸上用滑板导滑抛投,层层叠压。如流速过高,可将 2～3 个土袋捆扎连成一体抛投。在施工过程中,需先抛一部分土袋将水面以下深槽底部填平。抛袋要在整个深槽范围内进行,层层交错排列,坡度 1∶1,直至达到要求的高度。在土袋护体坡面上,还需抛投块石和石笼,以作保护。在施工中,要严防尖硬物扎破、撕裂袋子。

(4) 抛柳石枕。对于淘刷较严重、基础冲塌较多的情况,仅抛块石抢护,因间隙透水,效果不佳,可采用抛柳石枕抢护,见图 4-9。

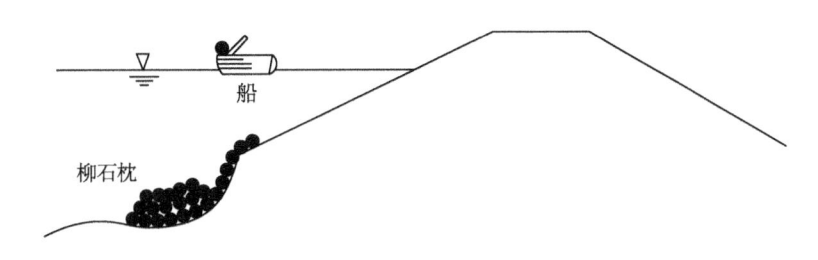

**图 4-9 抛柳石枕示意图**

柳石枕的长度视工地条件和需要而定,一般长 10 m 左右,最短不小于 3 m,直径 0.8～1.0 m。柳、石体积比约为 2∶1,也可根据流速大小适当调整比例。

推枕前要先探摸冲淘部位的情况,要从抢护部位稍上游开始推枕,以便柳石枕入水后有藏头的地方。若分段推枕,最好同时进行,以便衔接。要避免枕与枕交叉、搁浅、悬空和坡度不顺等现象发生。如河底淘刷严重,应在枕前再加抛第二层枕。待枕下沉稳定后,继续加抛,直至抛出水面 1.0 m 以上。在柳石枕护体面上,还应加抛石块、石笼等,以作保护。

选用上述几种物料抛投的根本目的在于固基、阻滑和抗冲。因此,特别要注意将物料投放在关键部位,即冲坑最深处。要避免将物料抛投在下滑坡体上加重险情。在条件许可的情况下,在抛投物料前应先做垫层,可考虑选用满足反滤和透水性准则的土工织物材料。无滤层的抛石下部常易被淘刷,从而导致抛石的下沉崩塌。当然,在抢险的紧急关头,往往难以先做好垫层。一旦险情稳定,就应立即补做此项工作。

**2. 缓流挑流防冲**

(1) 抢修短丁坝。丁坝、垛、矶等都可以导引水流离岸,防止近岸冲刷。这是一种间断性有重点的护岸形式,在崩岸除险加固中常有运用。

在突发崩岸险情的抢护中,采用这一方法困难较大,见效较慢。但在急流顶冲明显、冲刷面不断扩大的情况下,可应急地采用石块、石枕、铅丝石笼、砂石袋等抛堆成短坝,调整水流方向,以减缓急流对坡脚的冲刷。

在抢险中,难以对短丁坝的方向、形式等进行仔细规划,但要求坝长不影响对岸。修建丁坝势必会增强坝头附近局部河床的冲刷危险,因此要求坝体自身(特别是坝头)具有一定的抗冲稳定性。应尽量采用机械化施工,以赢得时间,争取主动。

(2) 沉柳缓流防冲。这一方法对减缓近岸流速,抗御水流冲刷比较有效。在含沙量较大的河流中,采用这一方法效果更为显著。

首先应摸清淘刷堤脚的下沿位置等,以确定沉柳的底部位置和应沉的数量。用船运载枝叶茂密的柳树头,用铅丝或麻绳将大块石等重物捆扎在柳树头的树杈上。然后,从下游向上游,由低到高,依次抛沉,要使树头依次排列,紧密相连。如一排不能完全掩护淘刷范围,可增加堆沉排数,层层相叠,以防沉柳之间空隙淘冲。

缓流挑流防冲一般只能作为崩岸险情抢护的辅助手段。

**3. 减载加帮等其他措施**

在采用上述方法控制崩岸险情的同时,还可考虑临水削坡、背水帮坡的措施,如图 4-10 所示。

当崩岸险情发展迅速,一时难以控制时,还应考虑在崩岸堤段后一定距离抢修第二道堤防,让出滩地,形成对新堤防的保护前沿。

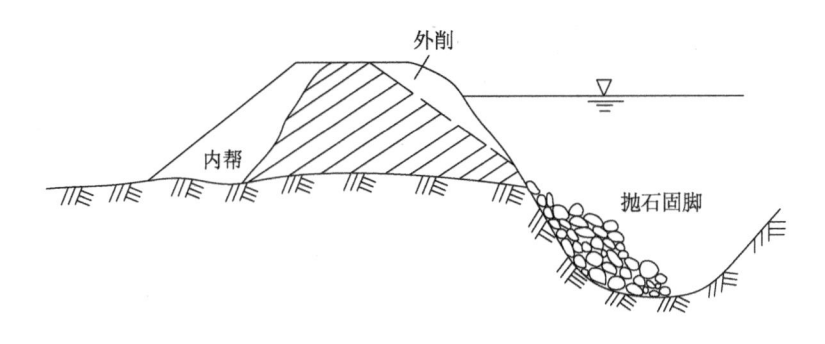

图 4-10　抛石固脚外削内帮示意图

### 三、注意事项

（1）崩塌的前兆是裂缝，因此要密切注意裂缝的发生、发展情况，善于从裂缝分布、裂缝形状判断堤坝是否会产生崩塌，以及可能产生哪种类型的崩塌。

（2）从河势、水流态势及河床演变特点，分析本段崩岸产生的原因、严重程度及发展趋势，以便采取合理的抢护措施。

（3）已有裂缝，特别是弧形裂缝段，切不可堆放抢险物料或其他荷载。对裂缝要加以保护（如用塑料薄膜覆盖裂缝等），防止雨水灌入。

（4）圆弧形挫崩最为危险，此险情抢护的要领是："护脚为先"。

（5）洪峰退落时，抢险人员因长期劳累，易产生麻痹松懈情绪，此时要特别注意防护"落水险"险情。

## 第四节　裂缝险情的抢护

### 一、抢护原则

处理裂缝要先判明成因，若属于滑动性或坍塌性裂缝，则应先从处理滑坡或坍塌着手，按处理滑坡或崩岸方法进行抢护。待滑坡或崩岸稳定后，再处理裂缝，否则达不到预期效果。

纵向裂缝如仅系表面裂缝，可暂不处理，或只封堵缝口，以免雨水浸入，但应注意观察其变化和发展。较宽较深的纵缝,则应及时处理。

横向裂缝是最为危险的裂缝。如果已横贯堤身,在水面以下时水流会冲刷扩宽裂缝,导致非常严重的后果甚至形成决口。即使不是贯穿性裂缝,也会缩短渗径,抬高浸润线,造成堤身土体的渗透破坏。因此,对于横向裂缝,不论是否贯穿堤身,均应迅速处理。

龟纹裂缝一般不宽不深,可不进行处理;较宽较深时可用较干的细土予以填塞,再用水洇湿。

## 二、抢护技术

### 1. 开挖回填

这种方法适用于经过观察和检查已经稳定,缝宽大于 1 cm、深度超过 1 m 的非滑坡(或坍塌崩岸)性纵向裂缝,施工方法如下。

(1) 开挖。沿裂缝开挖一条沟槽,挖到裂缝以下 0.3~0.5 m 深,底宽至少 0.5 m,边坡的坡度应满足稳定及新旧填土能紧密结合的要求,两侧边坡可开挖成阶梯状,每级台阶高宽控制在 20 cm 左右,以利稳定和新旧填土的结合。沟槽两端应超过裂缝 1 m,如图 4-11 所示。

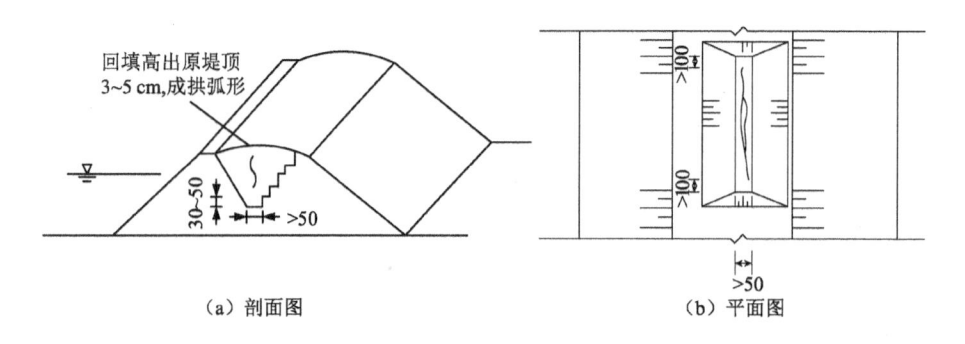

图 4-11 开挖回填处理裂缝示意图(单位:cm)

(2) 回填。回填土料应和原堤土类相同,并控制含水量在适宜范围内。土料过干时应适当洒水。回填要分层填土夯实,每层厚度约 20 cm,顶部高出堤面 3~5 cm,并做成拱弧形,以防雨水浸入。

需要强调的是,已经趋于稳定并不伴随有坍塌崩岸、滑坡等险情的裂缝,才能用上述方法进行处理。当发现伴随有坍塌崩岸、滑坡险情的裂缝,应先抢护坍塌、滑坡险情,待脱险且裂缝趋于稳定后,再按上述方法处理裂缝本身。

**2. 横墙隔断**

此法适用于横向裂缝,施工步骤如下。

(1) 沿裂缝方向,每隔3～5 m开挖一条与裂缝垂直的沟槽,并重新回填夯实,形成梯形横墙,截断裂缝。墙体底边长度可按2.5～3.0 m掌握,墙体厚度以便利施工为度,但不应小于50 cm。开挖和回填的其他要求与上述开挖回填法相同,如图4-12所示。

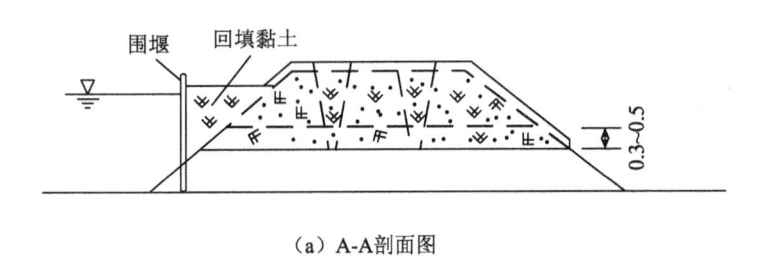

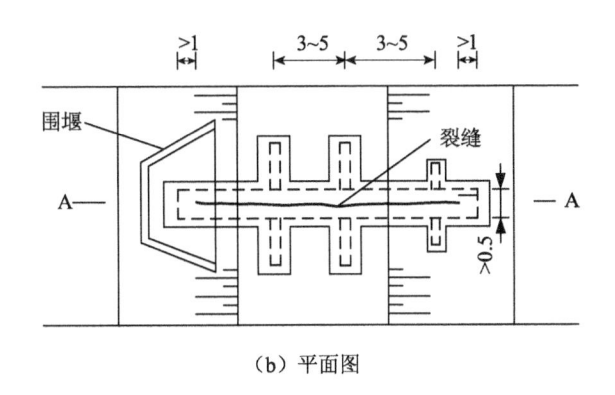

图4-12 横墙隔断处理裂缝示意图(尺寸单位:m)

(2) 如裂缝临水端已与河水相通,或有连通的可能时,开挖沟槽前,应先在堤防临水侧裂缝前筑前戗截流。若沿裂缝在堤防背水坡已有水渗出时,还应同时在背水坡修筑反滤导渗,以免将堤身土颗粒带出。

(3) 当裂缝漏水严重,险情紧急,或者河水猛涨,来不及全面开挖裂缝时,可先沿裂缝每隔3～5 m挖竖井,并回填黏土截堵,待险情缓和后,再采取其他处理措施。

(4) 采用横墙隔断是否需要修筑前戗、反滤导渗，或者只修筑前戗和反滤导渗而不做隔断墙，应当根据险情进行具体分析。

**3. 封堵缝口**

(1) 灌堵缝口。宽度小于 1 cm、深度小于 1 m、不甚严重的纵向裂缝及不规则纵横交错的龟纹裂缝，经观察已经稳定时，可用灌堵缝口的方法。具体做法如下。

① 用干而细的砂壤土由缝口灌入，再用木条或竹片捣塞密实。

② 沿裂缝做宽 5~10 cm、高 3~5 cm 的小土埂，压住缝口，以防雨水浸入。

未堵或已堵的裂缝，均应注意观察、分析，研究其发展趋势，以便及时采取必要的措施。如灌堵以后又有裂缝出现，说明裂缝仍在发展中，应仔细判明原因，另选适宜方法进行处理。

(2) 裂缝灌浆。缝宽较大、深度较小的裂缝，可以用自流灌浆法处理。即在缝顶开宽、深各 0.2 m 的沟槽，先用清水灌下，再灌水土重量比为 1∶0.15 的稀泥浆，然后再灌水土重量比为 1∶0.25 的稠泥浆，泥浆土料可采用壤土或砂壤土，灌满后封堵沟槽。有条件的情况下，经过论证，也可采用水泥砂浆等市场常见封缝浆液进行灌浆。

如裂缝较深，采用开挖回填困难时，可采用压力灌浆处理。先逐段封堵缝口，然后将灌浆管直接插入缝内灌浆；或封堵全部缝口，由缝侧打眼灌浆，反复灌实。灌浆压力一般控制在 50~120 kPa，具体取值由灌浆试验确定。

压力灌浆的方法适用于已稳定的纵横裂缝，效果也较好。但是对于滑动性裂缝，该方法会使裂缝进一步发展，甚至引发更为严重的险情。因此，要认真分析，采用时须慎重。

## 三、注意事项

(1) 发现裂缝后，应尽快用土工薄膜、雨布等加以覆盖保护，不让雨水流入缝中。对于横缝，要在迎水坡采取隔水措施，阻止水流入缝内、恶化险情。

(2) 已经趋于稳定并不伴随有坍塌、滑坡等险情的裂缝，才能采用开挖回填的方法进行处理。

(3) 未堵或已堵的裂缝，均应注意观察、分析、研究其发展情况，以便及时采取必要措施。

（4）发现伴随坍塌、滑坡险情的裂缝，应先抢护坍塌、滑坡险情，待脱险并趋于稳定后，再按开挖回填方法处理裂缝本身。

（5）做横墙隔断是否需要做前戗、反滤导渗，或者只做前戗或反滤导渗而不做隔断墙，应当根据具体情况决定。

## 第五节 跌窝险情的抢护

跌窝伴有漏洞的险情，必须先按漏洞险情处理方法进行抢护。跌窝伴有滑坡的险情，必须先按滑坡险情处理方法进行抢护。

### 一、抢护原则

根据险情出现部位，采取不同措施，以"抓紧翻筑抢护，防止险情扩大"为原则，在条件允许的情况下，尽量采用分层填土夯实的办法彻底处理；在条件不允许的情况下，可做临时性的填土处理。如跌窝处伴有渗水、管涌、漏洞等险情，可采用填筑反滤导渗材料的办法处理。

### 二、抢护技术

**1. 翻填夯实**

未伴随渗透破坏的跌窝险情，只要具备抢护条件，均可采用这种方法。具体做法是，先将跌窝内的松土翻出，然后分层回填夯实，恢复堤防原貌。如跌窝出现在水下且水不太深时，可修土袋围堰或桩柳围堤，将水抽干后，再予翻筑，如图4-13所示。

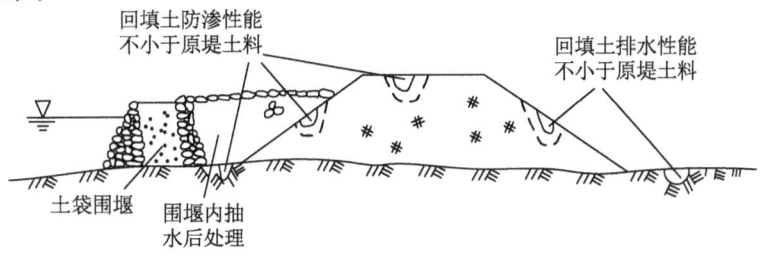

图 4-13 翻填夯实跌窝示意图

翻筑所用土料应遵循"前截后排"的原则，如跌窝位于堤顶或临水坡，须用防渗性能不小于原堤土的土料，以利防渗；如跌窝位于背水坡，则须用排水性能不小于原堤土的土料，以利排渗。翻挖时，必须清除松软的边界层面，并根据土质情况留足坡度或用桩板支撑，以免坍塌扩大。修筑围堰时，应适当围得大些，以利于抢护工作和漏水时加固。回填时，须使相邻土层良好衔接，以确保抢护质量。

**2. 填塞封堵**

这是一种临时性抢护措施，适用于临水坡水下较深部位的跌窝。

具体方法是：用土工编织袋、草袋或麻袋装黏性土或其他不透水材料，直接在水下填塞跌窝，全部填满后再抛投黏土加以封堵和帮宽。要求封堵严密，避免从跌窝处形成渗水通道，如图4-14所示。

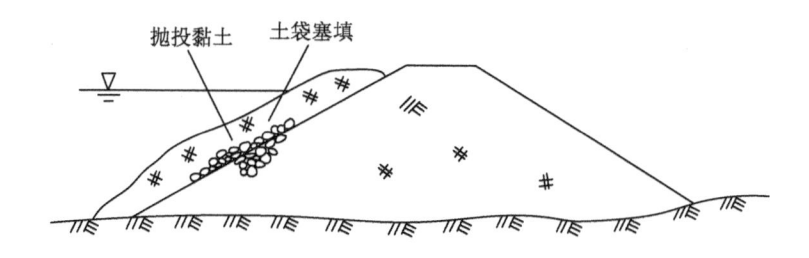

图4-14 填塞封堵跌窝示意图

汛后水位回落后，还需按照前述翻填夯实法重新进行翻筑处理。

**3. 填筑反滤料**

对于伴随有渗水、管涌险情，不宜直接翻筑的背水坡跌窝，可采用此法抢护。具体做法是：先将跌窝内松土和湿软土壤挖出，然后用粗砂填实，如渗涌水势较大，可加填石子或块石、砖块、梢料等透水料消杀水势后，再予填实。待跌窝填满后，再按反滤层的铺设方法抢护，如图4-15所示。修筑反滤层时，必须正确选择反滤料，使之真正起到反滤作用。

### 三、注意事项

（1）抢护跌窝险情应查明原因，针对不同情况，选用不同方法，备妥物料，迅速抢护。在抢护过程中，必须密切注意上游水情涨落变化，以免发生意外。

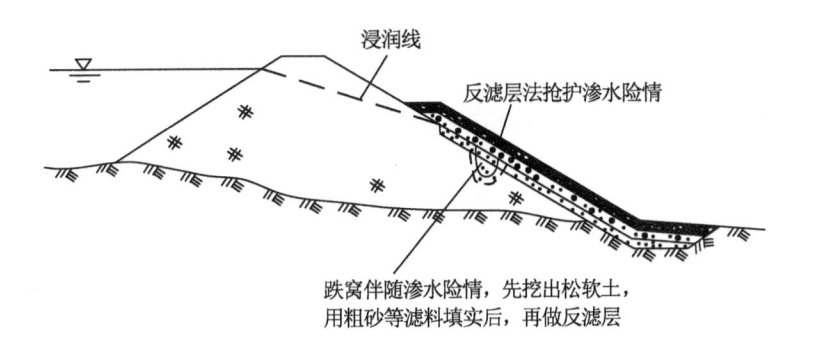

图 4-15　填筑滤料示意图

（2）翻挖时，应按土质留足坡度或用木料支撑，以免坍塌扩大。需筑围堰时，应适当围得大些，以利抢护工作和漏水时加固。

# 第五章
# 堤坝决口的抢险技术

## 第一节 堤坝决口成因

决口是洪汛期最为严重的险情,其发生的原因是多方面的。依据成因和机理不同,决口可分为溃决、冲决和漫决三类。

### 一、裂缝造成决口

图 5-1 为堤坝裂缝示意图,堤坝的横向裂缝,可能因水位上升发展成渗漏通道;纵向裂缝若有雨水浸入可能导致滑坡。这两种情况最终都可能造成溃堤决口,两者均属于溃决。

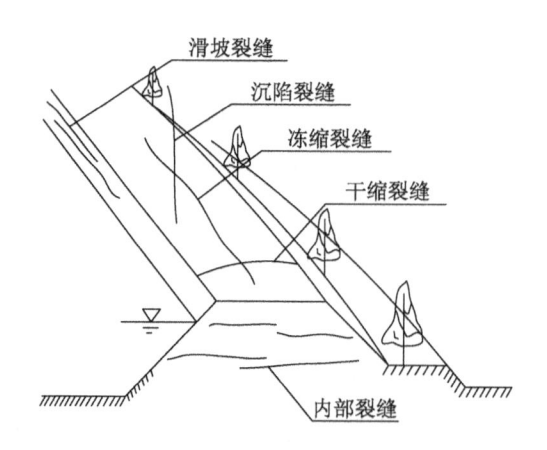

图 5-1 堤坝裂缝示意图

## 二、滑坡、崩岸造成决口

滑坡与崩岸都会使堤坝抵抗洪水压力的有效断面减小,多次滑坡(崩岸)或较大的滑坡(崩岸)都可能造成堤坝决口。需要指出的是,滑坡与崩岸发生的机理有所不同,滑坡造成的决口属于溃决,而崩岸导致的决口称为冲决。

## 三、漏洞或管涌造成决口

漏洞或管涌都会带走堤身堤基内的砂土,持续淘刷致使土体失稳就可能造成溃堤决口。

## 四、满溢造成决口

当水位超出堤顶时,河水漫堤而过,水流对堤顶、堤背和堤脚的持续冲刷将削弱堤身,在高水位压力作用下可能引发溃堤,这种情况被称为漫决。

## 五、涵管或闸门断裂造成决口

在堤坝下埋设的涵管由于外壁与土体结合回填不密实,涵管接口未做截流环,可能引起沿管壁集中渗漏或涵管断裂,如图 5-2 所示。这些险情进一步发展将造成溃堤决口。

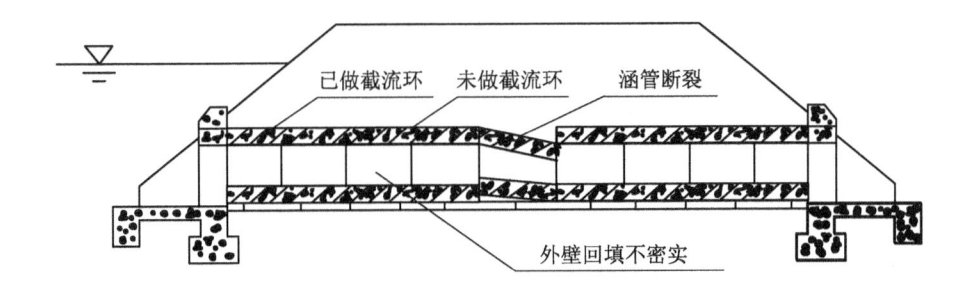

图 5-2 涵管断裂漏水示意图

图 5-3 是沿岸坝上修建的闸门,其抵抗水压能力应大于设计洪水压力。汛期洪水超过设计水位或闸门结构老化时,闸门有可能断裂,进而破坏整个涵闸,

造成决口。

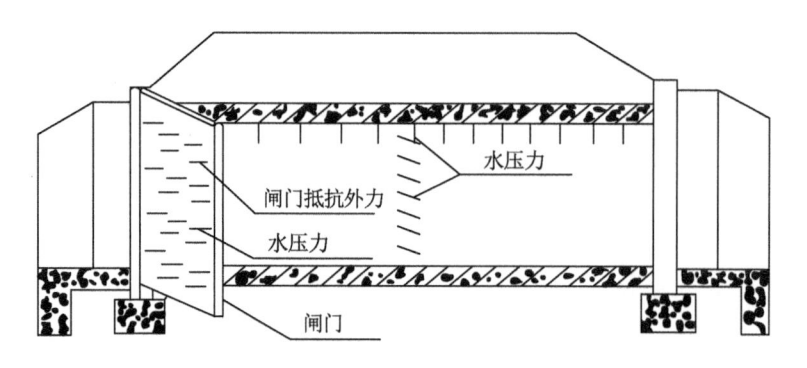

图 5-3　闸门断裂示意图

## 第二节　河堤决口口门处的水力学特性

### 一、口门流量

河堤决口处的过水流量,是制定堵口抢险方案与运用抢险技术的重要依据。口门处的水力学特性与口门宽度、水位差等要素密切相关,根据模型试验与理论分析,决口处的过水流量可按(5-1)式计算。

$$Q = F_s m A \sqrt{2gH} \tag{5-1}$$

式中,$F_s$ 为口门的形状系数;$m$ 为综合系数,由试验获取,一般可近似取0.33;$A$ 为口门过水断面面积;$H$ 为口门水头;$g$ 为重力加速度。其中:

$$F_s = \begin{cases} 1 & 矩形口门 \\ 0.55 & V形口门 \\ 0.66 & U形口门 \end{cases} \quad A = \begin{cases} BH \\ BH/2 \\ 2BH/3 \end{cases}$$

$B$ 为口门的宽度。

研究表明决口流量与河道主槽的流量关系不大,主要受水头和口门形状控制。

## 二、口门水流速度

口门处的水流速度与水头单宽流量直接相关,且在口门内分布极不均匀,同时受制约的因素也十分复杂。水流速度对抛投物体所产生的动力将直接影响到堵口抢险时抛投物体重量的选择,直接关系到入水物体能否在触底后稳定。因此,掌握口门处的流速是堵口抢险行动的重要工作内容。正常水流速度可用流速仪在现场测定。表5-1是通过模型试验得到的决口口门处平均流速的有关数据。

表5-1 决口堤防轴线流速

| 项目 | 水头 | | |
|---|---|---|---|
| | $H=2$ m | $H=3$ m | $H=3.6$ m |
| 落差 $Z$(m) | 0.65 | 1.14 | 1.36 |
| 水深 $h$(m) | 1.35 | 1.86 | 2.25 |
| 单宽流量 $q$(m²/s) | 3.90 | 6.27 | 7.87 |
| 平均流速 $v$(m/s) | 3.26 | 4.25 | 4.58 |

## 三、河道水流受决口影响的范围

由于受到决口影响,河道水流流向与流速在决口一定范围内会发生明显改变。这种改变对抢险过程中水上作业平台和船艇的运用造成重大影响。试验研究获知,决口附近水流基本呈扇形流向决口,整个扇面略偏上游。在决口附近决口边线上、下游靠近大堤部分,由于决口水流影响,水面线在顺河道方向上有降落,表现为水边线向河道内侧收缩,上游侧流速增大,下游侧由于水流流向决口,向河道下游的流速明显减小。在堤脚线附近河道内侧,水流速度约是上游河道流速的1.1~1.5倍左右(V形和U形决口略小),此处沿决口中心线的纵向水面比降也不明显,说明能量刚开始变化,流速增加不大。由图5-4可知,距河堤轴线1.5倍口门宽度的距离以外,水流状态基本接近主槽。此参数可供抢险架设水上作业平台时参考。

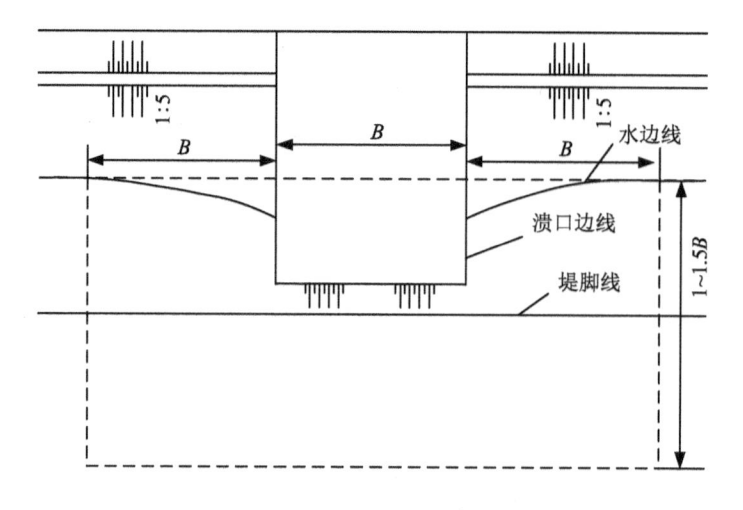

图 5-4　河道水流受决口影响范围

## 第三节　堵口抢险方法与堵口结构

### 一、堵口方法分类

堵口抢险按其实施方式可分为立堵、平堵和综合堵口三种方法。

所谓立堵，就是从决口口门残堤的堤头开始，向口门内抛投重物的抢险方法。立堵抢险要求堤顶有足够作业空间，能容纳相关的运输、起重设备和人员、抢险器材。在立堵进程中，口门宽度逐步缩小，水流速度会随之增大，抛投物体往往难在高流速水流中稳定，堵口难度在某一进程中增大。

平堵是在口门全宽度方向进行重物抛投作业的方法。这种抢险方法需要借助相应作业平台，如在口门上架设抢险作业桥，或者在靠口门河道侧架设临时性浮桥、门桥等水上抛投平台。平堵不会束窄口门，随着抛投物增多，口门内水深变浅，水流落差减小，流速也随之变小，抢险难度与风险降低。

综合堵口是平堵与立堵相结合的方法，具有抢险进度快，能根据现场情况灵活运用的特点。例如在立堵到一定阶段再实施平堵，这样可以避免单纯立堵时流速增大的问题。当然，在综合堵口中若有条件，平堵与立堵可同时进行，以进一步提高抢险效率。

## 二、堵口结构

堵口抢险中形成的挡水结构体称为堵口结构。堵口结构是临时性抢险工程,汛后一般需拆除复堤,应尽可能利用当地及现场已有材料。堵口现场难以使用施工机械设备时,采用的器材应能满足用人力水上施工和快速施工的要求。

**1. 抛土石戗堤**

土石戗堤是向口门内抛投一定重量、一定形式的土石料所形成的堵口结构物。人力所能抛投的块石重为 15～90 kg(块径 0.2～0.4 m)。无拦挡时,抗冲流速为 2～2.5 m/s。在流态紊乱情况下,块石抗冲流速会降至 60%左右。因此,应避免随意抛投,尽可能形成平整、平缓的戗堤坡面及顶部,优先选用块径均匀块石,抛出水面即可。实测抛石体水下稳定边坡,迎水面坡度为 1∶1.25～1∶1,背水面坡度为 1∶1.5～1∶1.2。当流速超过 2.5 m/s,宜抛投内装块石的钢筋笼、铁丝笼、笼串。

**2. 钢木土石组合结构**

钢木土石组合结构(钢木土石组合坝)是用建筑脚手架钢管连接成主体框架,然后在其内部抛填土石袋所形成的挡水结构。如图 5-5 所示,主体框架包括垂向的"层"、横向的"排"和纵向(沿口门宽度方向)的"步"。为操作方便,层高通常取 2.0 m 左右,步距一般为 1.0 m,排距可取 1.5～2.0 m。排数应根据口门处流速和口门宽度确定,根据相关研究,可参考表 5-2 选取。

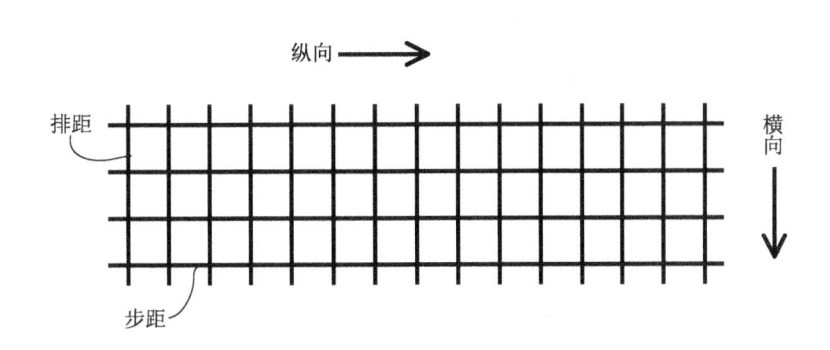

图 5-5 钢木土石组合结构框架平面

表 5-2　排数参考表

| 水深(m) | 流速(m/s) | 排数 | 步距(m) | 排距(m) |
|---|---|---|---|---|
| 3 | 4 | 3 | 1 | 2 |
|   | 5 | 3 | 1 | 2 |
| 3 | 3 | 4 | 1 | 2 |
|   | 4 | 4 | 1 | 2 |
|   | 5 | 4 | 1 | 2 |
| 4 | 2 | 5 | 1 | 2 |
|   | 3 | 5 | 1 | 2 |
|   | 4 | 5 | 1 | 2 |
| 5 | 2 | 6 | 1 | 2 |
|   | 3 | 6 | 1 | 2 |

以上主体框架中钢管的标准长度为6.0 m,并可根据需要进行裁截。钢管的材质有三种:Q235钢、45号钢和16Mn钢三种。钢管的截面有 $\phi 48\times 3$ 和 $\phi 50\times 5.5$ 两种。建议具体应用时,水下部分宜选用强度高的厚壁管材。钢木土石组合结构搭建,先由钢管、木桩联成三维空间构架。空间构架不断向决口中心进占、加固,直至左右构架相联,形成整体钢木组合构架。沿迎水及背水排桩内,竖插钢管加密至间距 0.2~0.3 m。向构架内抛投填料(块石、石袋、土袋、柳梢压石),出水后进行人力码砌。必要时,背水侧采用斜撑,迎水侧用拉杆与沉船相连,以增强钢木土石组合坝的整体性和稳定性。

**3. 钢栅拦石结构**

当决口处流速大于 3 m/s 时,为防止人力抛石流失,可采用钢栅拦石结构。钢栅拦石可以用建筑脚手架钢管作为栅条(管径 50 mm、壁厚 3 mm、长 6~10 m),在现场拼装。平面钢栅拦石结构整体性好、水阻力小且不易被运料工作船只撞坏。钢栅拦石结构形式如图 5-6 所示。

(1) 栅条间距大于块石最大块径。栅条呈斜向迎水布置。间距控制为最大块径的 1.4~2.0 倍以内,可减少块石流失量,且形成较陡的水下抛填体。适用于抛投区流速接近块石抗冲流速的情况。

(2) 栅条间距介于块石的最大与最小块径中间。栅条竖直向布置成落底式

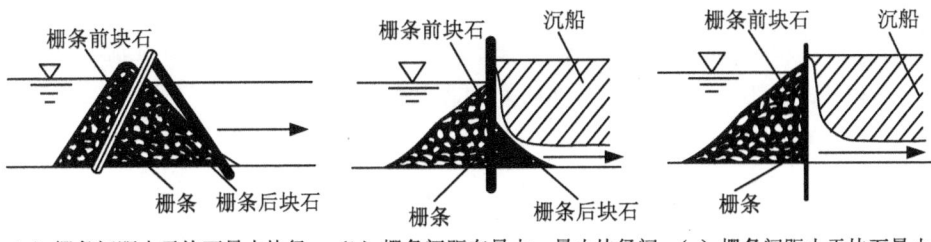

（a）栅条间距大于块石最大块径　（b）栅条间距在最大、最小块径间　（c）栅条间距小于块石最小块径

图 5-6　钢栅拦石结构形式

或插入式结构。部分较小块石可穿过栅条间隙，沉在栅条背水侧，增大了钢栅拦石的稳定性。

（3）栅条间距等于或小于最小块径。栅条竖直向布置成插入式或支撑式结构。抛投料只在迎水侧堆积，但钢栅拦石承受压力大，栅条应有牢靠支撑体。

为防止拦石钢栅被运料船撞击而移位变形，出水处宜用型钢或钢管将各片钢管排架连成整体。运料船与固定钢栅的沉船之间应设置定位构架。

**4. 土工格栅**

土工格栅是经过拉伸形成的具有方形或矩形孔洞的格栅状聚合物板材。单向拉伸的抗拉强度可达 60~80 kN/m，土石填料在格栅内嵌锁力增高，摩擦系数达 0.8~1.0。它是由一种密度小、又有一定柔性的平面网材现场裁剪后，采用连接管或连接棒进行立体连接或平面连接，快速组成的透水、拦石结构，如图5-7所示。土工格栅可整体下沉于决口中；也可先下插钢管，再用土工格栅连接，加固形成格构，其内抛石或石袋形成堵口工程结构。

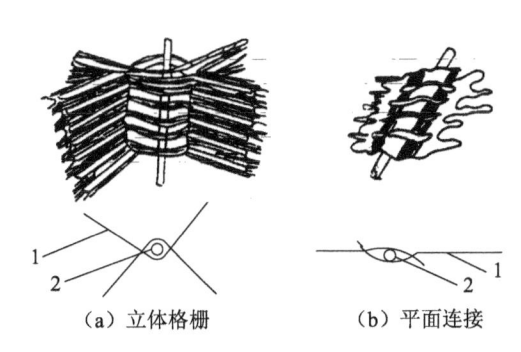

（a）立体格栅　　　（b）平面连接

1—土工格栅；2—连接棒（管）

图 5-7　土工格栅连接示意图

**5. 石袋堆码结构**

采用粒径 40 mm 以下的碎石或砂卵石，将之装入编织袋，形成石袋，每袋重量控制在 40~60 kg，便于人力装运。堆砌袋间相互嵌锁，适应地基变形能力强，

整体性好。抛填出水后进行码砌,稳定坡可陡至 1∶0.5,形成的填筑体密实,有利于闭气。该结构适用于作为加固口结构的后戗台,也可作为决口处流速不大情况下的堵口结构及堵口结构出水后的加高结构。

**6. 埽工结构**

如图 5-8 所示,埽工是用绳捆缚梢、苇、柳等束埽料,形成埽捆后用土、石逐层下压入河底成为堵口构筑物。最大施工水深可达 20 m。埽工结构在黄河堵口时运用较为普遍,因为采用石料会陷入泥沙深层,而埽料较轻又能在短时间内形成大体积埽体,吸附河水泥沙后比用石料更易闭气。

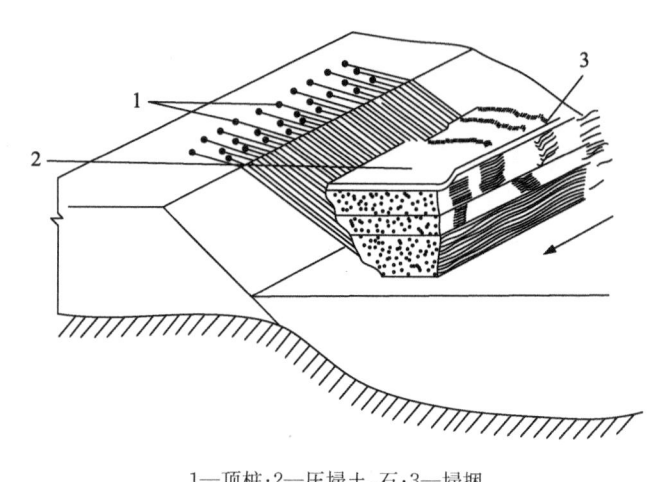

1—顶桩;2—压埽土、石;3—埽捆

图 5-8 顺厢埽

**7. 枒槎结构**

由三根长 6~7 m 的木桩绑扎成三角档棒支架,内置大卵石、块石或铁丝笼作为压重,迎面竖插木桩、铺竹席或土工网形成挡水面;然后在挡水面自下而上层层抛入掺有卵石的土,形成不透水的堵口结构,如图 5-9 所示。该结构适用于水深不大于 4 m、流速不大于 3 m/s 的卵石或砂卵石河床。当口门处流速或水深较大时,可采用钢管或型钢组合成钢骨架枒槎结构(又称铁棱角)置入水中。

## 三、堵口工程辅助措施

堵口工程辅助措施是与堵口结构配套的技术措施。根据其作用不同可分为裹头、缓流、挑流、引河等几种。

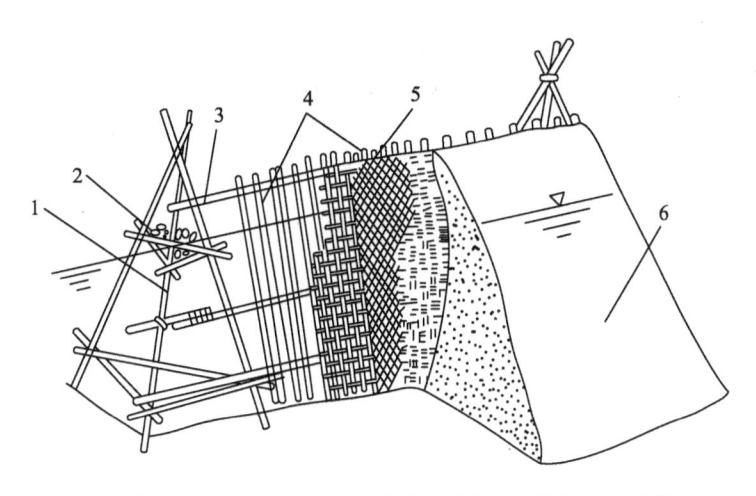

1—杩槎；2—石盘；3—穗梁；4—竖桩；5—竹席或土工网；6—水下抛土

图 5-9　杩槎堵口结构

**1. 裹头**

决口两侧土堤在水流冲刷作用下，极易迅速扩展，加剧险情，增加堵口困难。所谓裹头就是运用适当的方法对口门残堤堤头进行防护的技术措施。裹头通常有以下几种方法。

(1) 直接抛投法。当口门处流速较小时，可采用抛土枕、抛石、抛铁丝笼、钢筋笼(内装块石或沙袋)的方法直接裹覆堤头。

(2) 钢木构架抛土石袋裹头。首先在两侧残堤堤头插打钢管或木桩直至进入水中不少于 2 m，并用水平连接杆件固接成构架，起到拦石作用，然后在内抛块石及土石袋，稳住口门(图 5-10)。

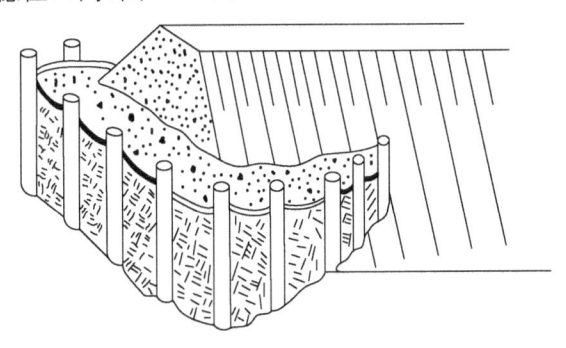

图 5-10　钢木构架抛土石袋裹头

(3) 编织物裹头。编织物裹头是用土工布或彩条布包裹堤头的一种防护措施。具体实施时应从堤头上、下游一定距离开始,并在编织物下部固定重物,将上部固定在堤顶,这种措施一般适应的水流速度较低。

(4) 截头裹。在决口初期考虑流量可能加大的程度,估算口门将达到的宽度,从口门向两侧堤坝退适当距离,挖断堤身,在新的堤头上预做裹头称截头裹(图 5-11)。挖断堤身,在地面作截头裹时,应沿裹头部位,向下挖基槽深 1～2 m,然后按预计的流速,选择上述适宜的方法作裹头。

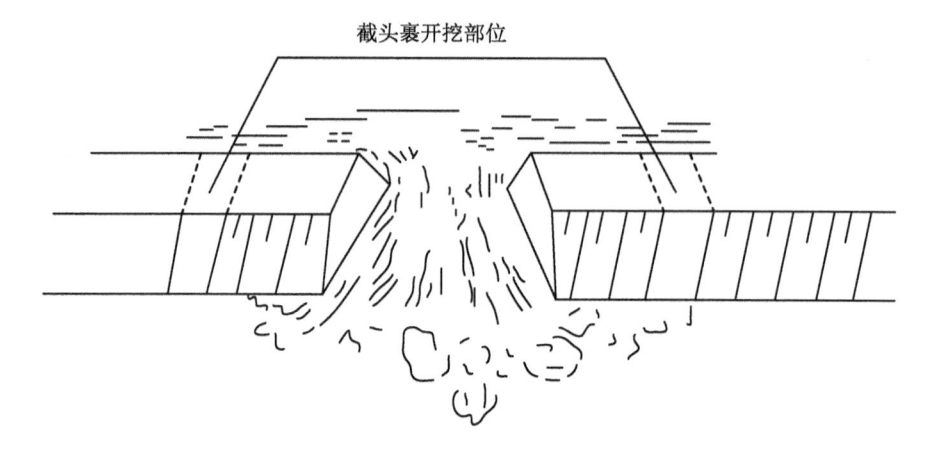

图 5-11 截头裹

**2. 缓流措施**

投得准、稳得住是堵口抢险的重点。所谓稳得住,就是确保抛投物体触底后不被急流冲走。稳得住的关键是采取一定措施快速缓解口门水势。减缓水势的技术措施主要有沉船和沉箱两种。

(1) 沉船。在决口外侧沉船可以快速减小口门处的过流量及流速,从而减缓口门被冲刷而加宽、加深的速度。沉船又可作为堵口抢险施工平台和拦石钢管栅等结构的上部支撑体(图 5-12)。船只也常是决口附近最容易得到的堵口物体,曾在多次抢险中得到应用。为防止被决口水流带入口门内,应采用大马力拖轮拖带;到达决口附近上游后抛锚,控制下淌至正对口门;再利用固定于缓流区的定位船,收放钢丝绳牵引定位于预定沉船处;遥控爆破或气割破口,使船充水沉底。首艘沉船长度宜大于决口宽度。满载船只在接近决口处的自稳性较好。尽可能选用平底驳,以增大沉船接底长度。第一艘船坐底后,往往还有较大过流缺口,要继续下沉较小船只围堵。

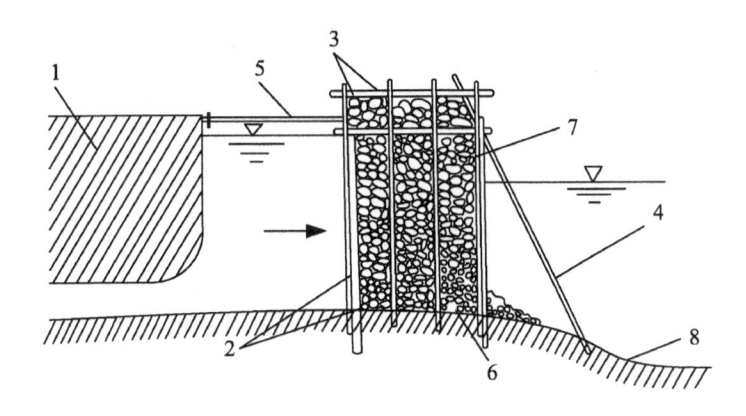

1—沉船;2—钢管及木桩;3—钢管水平连接杆;4—斜撑;
5—拉杆;6—底部抛石;7—中上部抛石袋;8—跌塘

图 5-12　沉船的支撑作用

（2）沉箱。沉箱是类似于沉船的一种减缓口门水势的应急技术。箱型结构物在我国大量保有,如民用集装箱(图 5-13)、浮箱器材和舟桥器材的舟体。这些箱式物都具有良好的水密性,外形规整,在水上装载重物后可漂浮到口门一定位置后实施爆破下沉形成挡水坝体。沉箱技术较之沉船的最大优势是实现了大型挡水坝体的积零为整,逐箱下沉因体积小、重量轻,在水上具有较好可控性,可漂控到所需位置进行爆破沉箱;此外沉箱技术因箱体外形规整,可实现叠层,因此可形成更高的挡水坝体,克服更深的决口水深。相对于沉船措施,沉箱措施较为经济。

沉箱技术运用的关键是箱体配重,以确保箱体沉落后能在急流中稳定。根据相关研究,沉箱(沉箱组)在水流中的抗滑移临界流速可按式(5-2)计算。

$$V_c = \sqrt{\frac{f}{0.31}} \left[ 3.4314 + (37.552 - 24.6488x + 2.2322x^2)e^{-x} \right]$$

$$x = G/A \tag{5-2}$$

式中：$G$ 为沉箱组配重量后的总重量,$A$ 为沉箱组迎水面积,$f$ 为沉箱底部与地面摩擦系数。上述经验公式适合于 $G/A \geqslant 2.78$ 的情况,小于此值没有必要应用沉箱法。

图 5-13　港口堆放的集装箱

**3. 挑流措施**

采用挑流坝将主流挑离决口,可减少口门过流量,从而减轻流势对堵口截流的顶冲作用,减少决口两侧的漩涡,有利于堤头稳定。有引河的决口,挑流坝建于决口上游河床一岸或两岸,将水流挑向引河。无引河时,挑流坝建于口门附近河弯上游段。一般采用柳石、柳土抛填,背水侧填土、石加固,用柳石枕、块石护坝根,增强抗冲能力。挑流坝长度一般为主河宽一半。若流势过强,可修两道或两道以上挑流坝,接力外挑。相邻两坝的距离约为上游挑流坝长的 2 倍,最下一坝宜正对引河上唇,并使水流呈垂直方向通过口门,避免决口处于斜流顶冲位置。

**4. 引河**

黄河中下游已成为悬河,一旦决口,口门水流向低处倾泻,口门极易刷深,造成全河夺流,决口下游正河迅速发生淤塞,往往需开挖引河,才能堵住决口,引水归原河床。

引河进口一般选在决口处上游,河底高程取低于主河床水面 3 m。建造临时挑流坝导水入引河,如图 5-14 所示。出口选在原河道中少受淤积影响的深槽处。

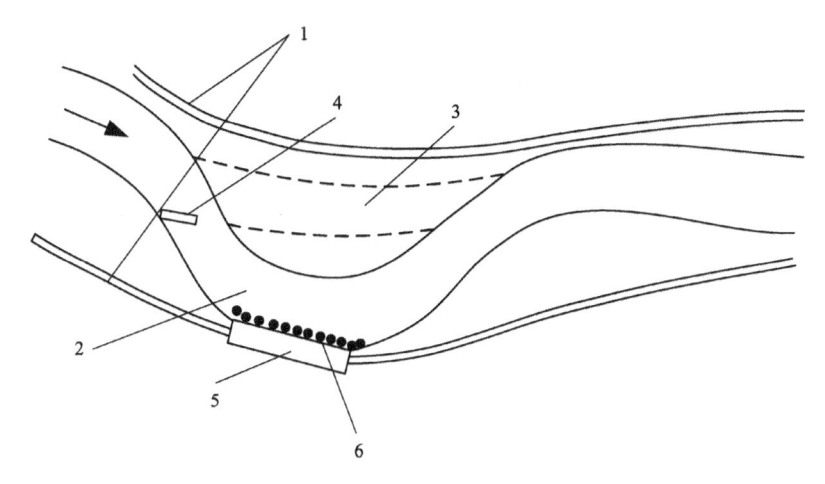

1—河堤；2—原河道；3—引河；4—挑流坝；5—堵口堤；6—分水桩

图 5-14 引河分流示意图

### 5. 分水桩

分水桩设置在口门迎水侧，见图 5-15。主要适用于北方河流，防止堵口时的流冰危害，兼有分水的辅助作用。分水桩间距不大于 1 m，用木桩打入地基内的深度不小于桩长的 1/3，桩顶露出水面。分水桩间均用铁丝或钢筋牵制。

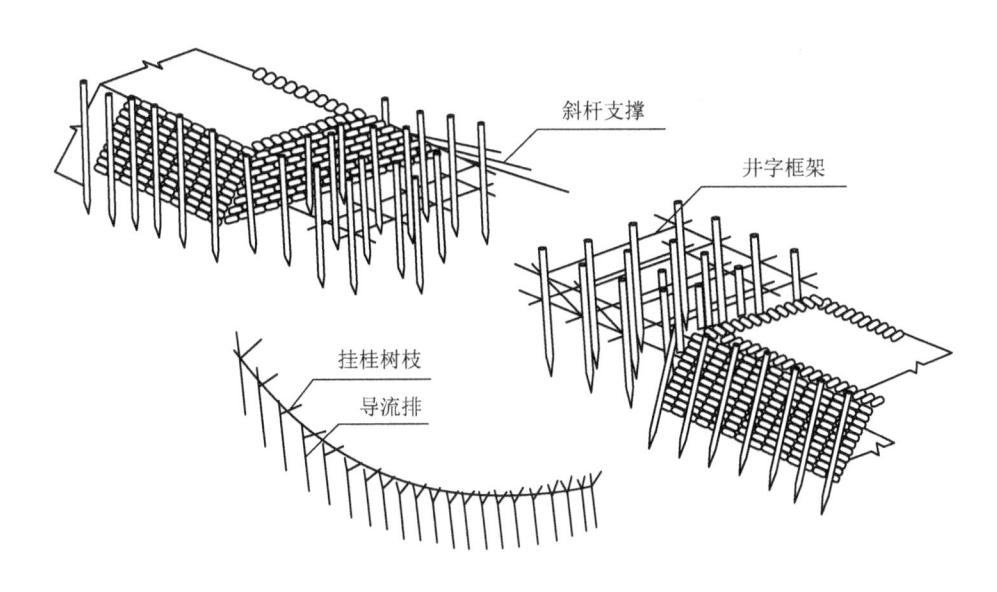

图 5-15 分水桩示意图

## 第四节　堵口抢险技术实施步骤

发生溃堤决口,通常要坚决封堵决口,把洪灾损失减小到最低程度。

当决口不只一处时,应遵循"先堵下游口、后堵上游口,先堵小口、后堵大口"的原则。这是因为先堵上游口后,下游口流量增加,下游口很有可能被冲宽冲深。如先堵下游决口,则对上游影响较小,即使减少了决口分流量,上游口被冲宽冲深的危险性也不大。封堵小决口与大决口的关系也是如此。如先堵大的决口,则分流量的一部分势必会改由小决口分流出去,小决口会扩大。反之,若先堵小决口,虽然也会增加大决口一部分流量,但是相对较小,影响不大。封堵决口,除了要决定先堵哪个与后堵哪个外,还要根据决口处的地质、地形、口宽、水深、流速等具体情况,选择实施不同的堵口技术。

### 一、用钢木土石组合坝技术封堵决口

所谓钢木土石组合坝,就是由钢管、木桩结合成骨架,用土石袋材料填塞起来的组合坝体,如图 5-16 所示。

**图 5-16　钢木土石组合坝**

钢木土石组合坝技术的适用条件是:决口坝基宽度 5~6.5 m、水深不大于 6 m、口门流速不大于 3 m/s、落差不大于 1.5 m、决口处土质能植入钢、木桩。其作业的方法步骤如下。

**第一步：护固坝头（俗称裹头）**

在决口两端坝头上游一侧距决口 10~30 m（根据土质和决口情况确定）围绕坝头顺水流打一排木桩，木桩之间用 8 号铁丝连接固定，并在上游打好的木桩上加挂树枝理顺水流，减小洪水对坝头的冲击。然后在打好的木桩框内塞填袋装土石料，使两端坝头各形成一道坚固的保护外壳，防止决口进一步扩大，如图 5-17 所示。如在木材缺乏时，也可以用钢管护固坝头。

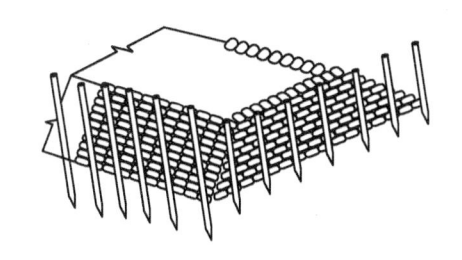

图 5-17 护固坝头

**第二步：框架进占**

（1）设置钢框架。先设置框架基础，后设置框架。首先在决口两端各纵向设置两根标杆，确定堤坝轴线方向。而后按前后间距 0.5~1 m、左右间隔 2~2.5 m 打入 4 根钢管，钢管入土深度为 2~2.5 m，纵、横向分别用钢管连接。框架基础完成后，向决口设置框架进占。一般以四列桩设计打桩，作业手将 8 根钢管，按前后间距 1 m、左右间隔 1.5~2.0 m，入土深度 1~1.5 m 打入河底，水面留出部分作为护栏，形成第一个框架结构。当完成两个以上框架后，为了保障框架的整体性和稳定性，在立桩上设置交叉框架，在下游设置斜撑与立桩成 45°角植入河底。最后在设置好的框架上铺设木板或竹排作为作业平台，以便人员展开作业，如图 5-18 所示。

（2）植入木桩。先将木桩一端加工成锥形，沿钢框架上游边缘线植入第一排木桩，桩距 0.2~0.4 m；然后沿钢框架纵向桩紧贴钢桩植入第二排木桩，桩距 0.6 m；植入第三排木桩，桩距 0.8 m；第四排也紧靠钢桩植入，桩距 0.2~0.4 m，

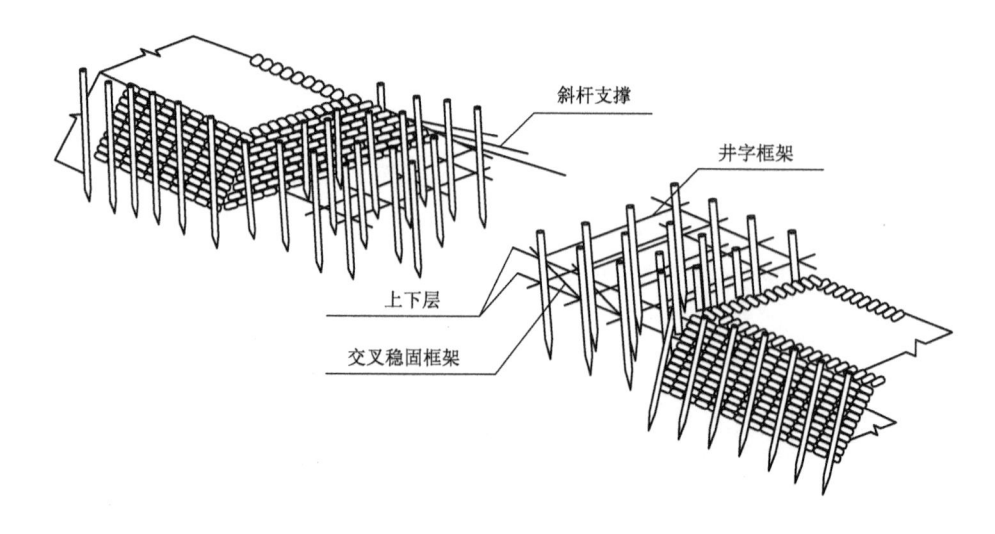

图 5-18　框架进占

木桩入土深均为 0.8~1 m。

(3) 连接固定。用铁丝将木桩分上下两道与钢框架固定,形成钢木框架整体,增强框架的综合抗力,同时阻挡填料的流失。

(4) 填塞护坡。将预先装好的土、石袋按上、下游错缝填入钢木框架内。当填塞高度大约 1 m 时,下游上游同时护坡。护坡的宽度和坡度要根据决口的宽度、江河底部的土质、流量及堤坝的坚固程度综合确定。在进占到 3~6 m 时,应用袋装碎石加固原坝体与新坝体的接合部,加固距离应延伸至原坝体外 10~20 m,坡宽不小于 4~8 m。

**第三步：导流合龙**

(1) 设置导流排。当两端进占到 15~20 m 时,在上游距原坝头 30 m 处,呈抛物线状向下游方向设置一道导流排。导流排用木桩间隔 0.4~0.5 m 打入,长度视口门宽度而定。木桩与木桩用铁丝固定,并挂上树枝或草袋,如图 5-19 所示。当流速允许时,也可以在口门上游抛锚停船,分散冲向口门的流量,减轻合龙时洪水对框架的冲击力。

(2) 加密设置杆件。为了稳固新筑坝体,加密下游斜撑杆件,由原来的 2 m 间距变为 1 m 间距。还可以根据口宽、流速、水深等条件设置一些支撑杆件,增强坝体的抗力。

(3) 加大木桩间距。合龙时为了减少急流对钢木框架的冲力,加快合龙进

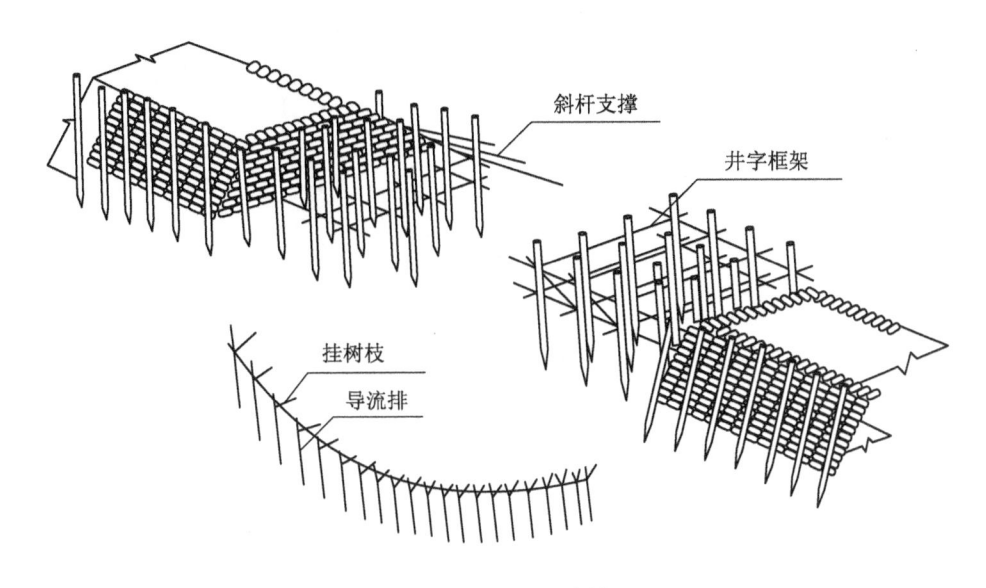

图 5-19 设置导流排

度,木桩前后间距可以增大,第一排桩距为 0.6 m,第二排桩距为 1 m,第三排桩距为 1.2 m。

(4) 理顺决口水流。在钢木框架外侧加挂树枝和竹排,使水流顺其流动,进一步减缓口门的水流。

(5) 加快填塞速度。合龙前,在口门两端位置堆放备足填料,待两端同时快速合龙时使用。

**第四步:防渗固坝**

在新坝的迎水面上铺两层土工布,中间夹一层塑料布,作为防渗层,防渗层两端应延伸到决口外原坝体的 8~10 m 处,并用袋装土、石料压紧坡面和坡脚。决口处的坡脚压深不小于 4 m,其他不小于 2 m。

## 二、用石笼技术堵口

石笼堵口可以适用于口门流速不大于 5 m/s、水深不超过 6 m、落差不大于 3 m 的情况。其作业的方法步骤如下。

**第一步:制作石笼**

(1) 编织焊接笼子。用 8 号铁丝或钢丝编织成网格为 0.2 m×0.2 m 正方形、长方形或圆形等不同形状和大小的网片,如图 5-20 所示。还可以用直径为

8 mm 以上钢筋焊接成不同形状和大小的铁笼子,如图 5-21 所示。

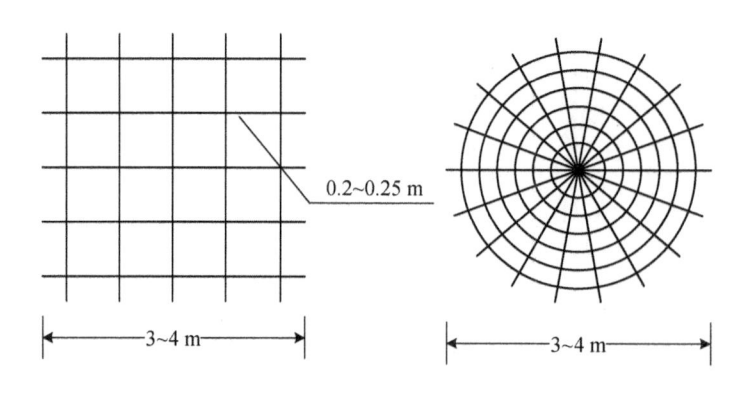

图 5-20 制作铁丝、钢丝网片

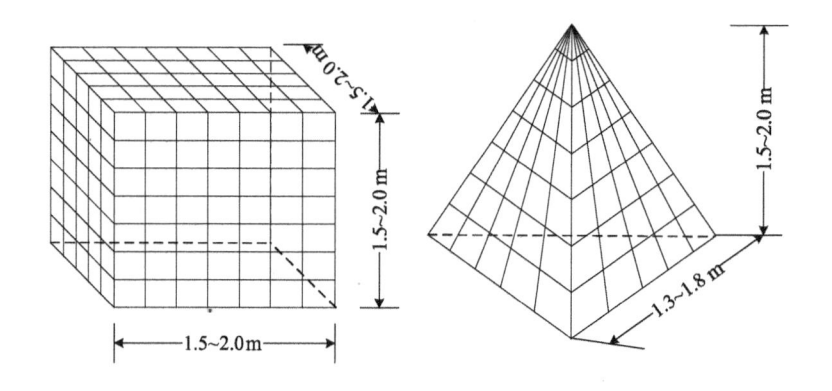

图 5-21 焊接铁笼

(2) 装石封口。装上石料后用铁钳将网片上下、左右出头绞合在一起,钢筋铁笼用电焊焊接封口,并搬运到决口两端处。

**第二步:投石笼进占**

(1) 决口两端、上游同时投放。当决口不大于 50 m,口门流速不超过 1.5 m/s 时,可以用制式舟结合门桥,或者用民船结合门桥,运送石笼至口门上游投放。同时在决口两端分别用人力和机械投放。

(2) 决口两端投放。当决口大于 50 m,口门流速较大,不宜停船停舟投放时,只能在决口两端分别用人力和机械投放。

**第三步:导流合龙**

当口门宽度只有 10 m 左右时,要做好合龙准备。这时口门进占缩窄后,流速加快,可以在口门上游停靠长度大于合龙口门的船只,减小流速。同时决口两端加速抛扔石笼,直到截流坝合龙。

**第四步:阻水断流**

截流坝筑起后,由于石笼之间存在较大缝隙,仍然有水渗出,所以还需要阻水断流,确保坝体稳固。

(1)修筑月堤。封堵决口后,上游水位较高,可在新堤坝背水面一定距离范围内修筑背河月堤,以蓄正坝渗出之水,壅高水位到临背河水位大致相平时即不漏水,如图5-22所示。

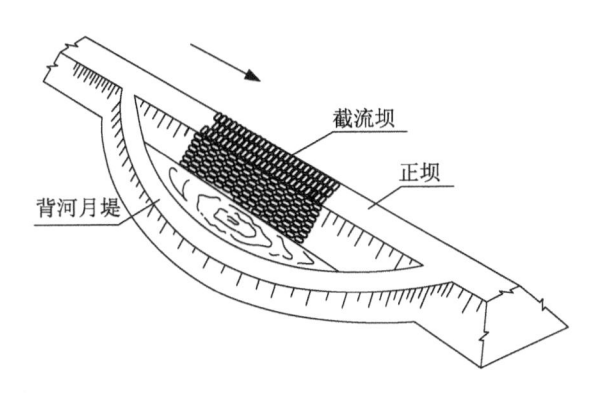

图 5-22　修筑背河月堤示意图

若决口口门上游为浅滩,地势平坦,地质坚硬,新堤坝透水不严重,可将月堤筑在临河处。其长度包围住决口,再在月堤内侧填土,彻底断流,如图5-23所示。

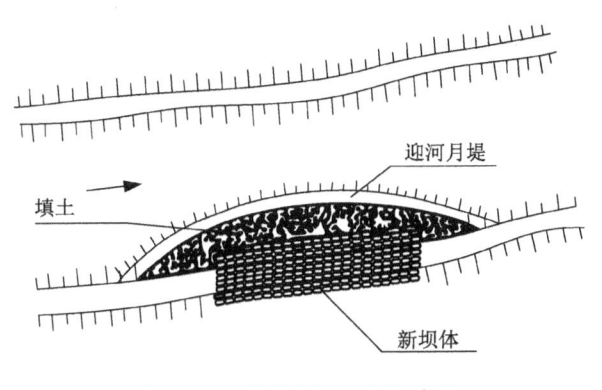

图 5-23　修筑迎河月堤示意图

（2）掩护口门。在截流坝上游用麻袋、编织袋装土抛填。抛填高度从坝趾到坝顶，宽为 2～3 m，长度延伸到决口外原堤坝体 5～10 m 处，如图 5-24 所示。也可以用土工布做防渗层。

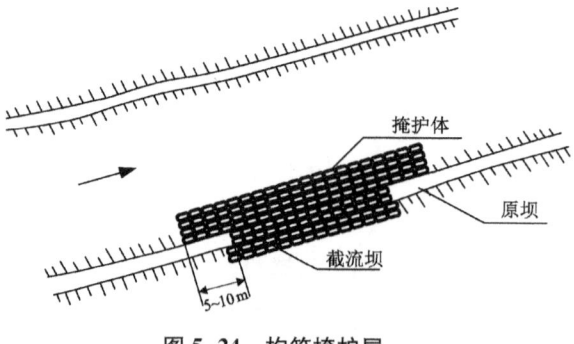

图 5-24 构筑掩护层

### 三、抛石截流技术堵口

抛石截流就是在决口上游抛扔块石。它与石笼堵口类似。因为它不需要加工铁笼，所以施工更简易。

抛石截流堵口技术适用于口门流速不大于 2 m/s、水深不大于 4 m 的情况。口门上游如有外滩更为适用。其作业的方法步骤如下。

第一步：设置堵口坝线。根据口门地形，离原坝上游 10～40 m 处设置一条与原堤坝轴线平行的堵口坝线，并在原堤坝两端或水中定出明显标记，如图 5-25 所示。

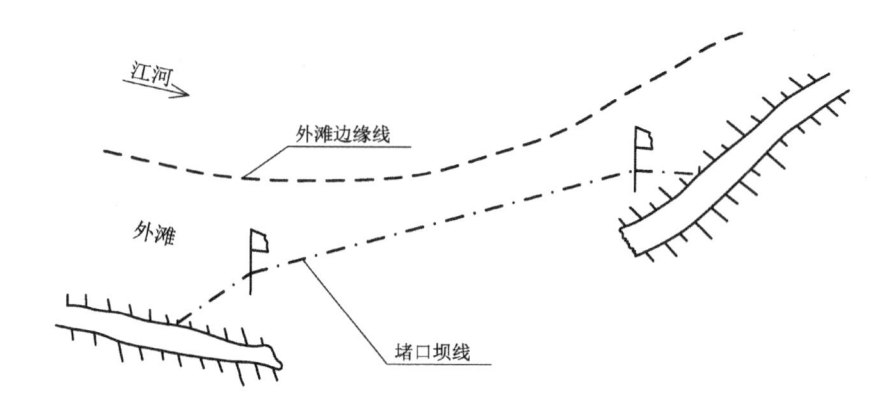

图 5-25 设置堵口坝线

第二步：沿坝线定位抛石。运石船停放在坝线上，船的中心对准两端标杆连线，如图 5-26 所示。然后组织人力集中抛石。按此方法全线展开，齐头并进，先抛点再连线，争取一气呵成。运石船吨位以 30～50 t 较为灵活方便为宜。吨位较大的船定位困难，吃水较深，加之块石出仓不便，一般不选用。当流速较大时,也可将小型运石船直接沉没在堵口坝线上指定位置,以代替抛石堆。

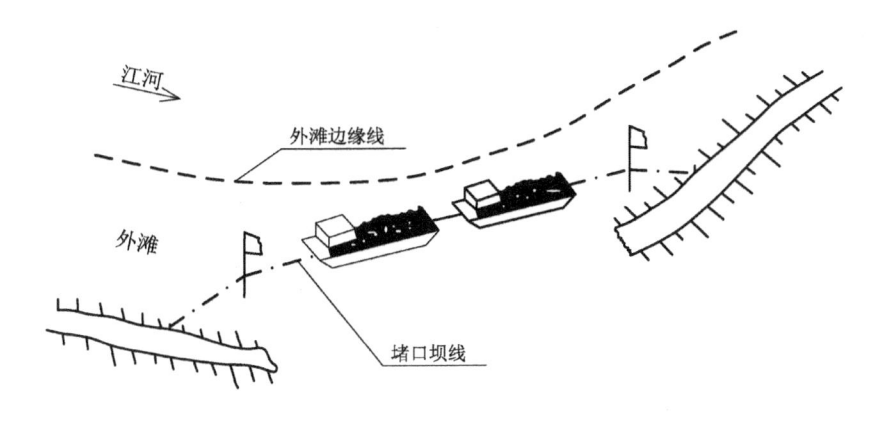

图 5-26 定位抛石

第三步:袋土隔渗、填土断流。截流坝筑成后,部分洪水从块石间渗出,必须采取麻袋、编织袋装土抛投等方式隔渗。抛投厚度一般为 1 m。接着在新坝迎水面填筑黏土层,起到堵渗断流的作用。

### 四、新型装配式快速堵口装置及其方法

**1. 装配式快速堵口装置简介**

装配式快速堵口装置包括正四面体钢结构外框和其内部的充填物。正四面体钢结构外框由 4 片等边三角形网板连接而成,其中第 1 片网板和第 2 片网板铰接,第 3 片网板和第 4 片网板铰接,如图 5-27 所示。在抢险作业现场只需将预先两两铰接的网板再拼组成四面体框架结构,并向其内部放入填充物,就形成一个完整的正四面体堵口装置。

在第 3 片网板上分层设有多个带钢筋网格的三角形搁架,每层三角形搁架的一条边与第 3 片网板铰接,且在其尖端还设有一个挂钩,挂钩与第 4 片网板钩接就将其固定了。

正四面体结构内的充填物一般为特制的遇水快速膨胀包,该膨胀包内填充有遇水快速膨胀的树脂材料,一般在 5 分钟以内即可完全膨胀充满外包装袋,从而起到阻水作用;正四面体结构内的填充物也可以是其他块状物,如块石、装有土或土石混合料的土袋子等。

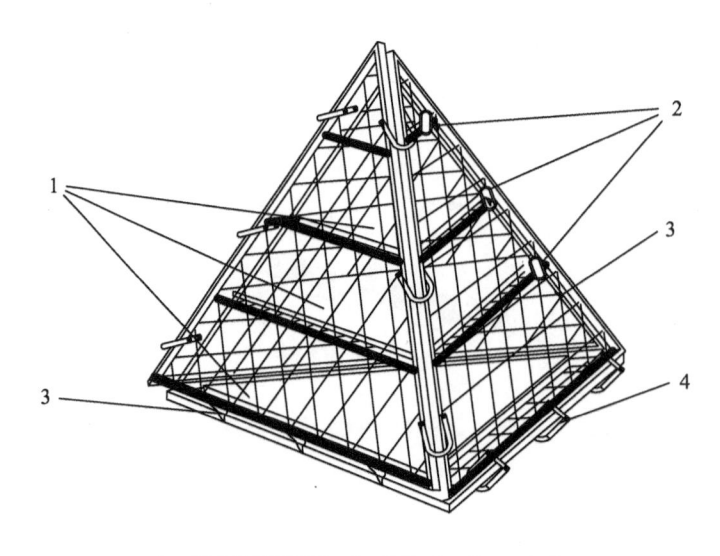

1—遇水快速膨胀包；2—挂钩；3—铰；4—卸扣

**图 5-27　装配式快速堵口装置**

根据该装置体积和内部填充物的材料不同，可以分为大型、小型以及混装共三类堵口装置。其中，大型堵口装置的高度为 2 m、内部装填快速膨胀材料，是构成拦水坝的主体结构物；小型堵口装置的高度为 1.2 m、内部装填膨胀材料，主要用来充填大型堵口装置之间的空隙，是构成临时拦水坝的辅助结构物；混装堵口装置的高度为 2 m、内部装填石块或土袋子，其重量可根据决口流速并按照表 5-3 进行装填，以增加堵口装置适应决口流速的能力。

**表 5-3　混装堵口装置内部装填土石料的重量 $G$ 与决口流速 $v$ 的对应关系**

| $v$(m/s) | 2.0 | 2.5 | ≥3 |
|---|---|---|---|
| $G$(t) | 0.5 | 1.0 | ≥1.5 |

**2. 堵口抢险作业步骤**

第一步：装置运输。成片包装的堵口装置平时储存在防汛仓库或基地中，从装置储存地到抢险现场主要采取公路运输的方式，运输车尽量抵近抢险现场。从运输车卸载并转运到抢险现场，则主要采用小型农用车辆倒运或人工抬运等方式，将堵口装置运送至堤坝决口两端的安全地域。道路交通条件允许时，可利用车辆直接运输至堤坝决口现场。当交通条件特别恶劣，不适合人力、车辆运输时，也可用船舶运输，并在运输船上实施抛投作业。在装置运输的过程中，当地防汛抢险指挥机构应同时组织人力对堤坝决口的两端实施裹头作业,以防决口扩展。

第二步:装置拼组。对于大型堵口装置,抢险作业人员每 5 人(小型堵口装置只要 3 人)为一组,多组同时将成片的装置快速拼组成多个四面体堵口装置,并在堵口装置内设置遇水快速膨胀包(具体拼组方法见后文内容)。

第三步:装置抛投。在决口的两端,按表 5-4 所列使用方法,抢险作业人员同时向决口内有序抛投多个大型堵口装置(或混装堵口装置),并使之朝着合龙方向成排布置(当满装土石料的混装堵口装置能直接在水中稳定时,无须打设辅助稳定的钢管桩;否则可先打入少量钢管桩,然后再抛投堵口装置)。具体步骤及方法分为以下三种情况。

(1) 决口宽度小于 7.5 m、水深小于 2 m 时

① 先在决口内打设一排钢管桩。钢管打设布置见图 5-28。

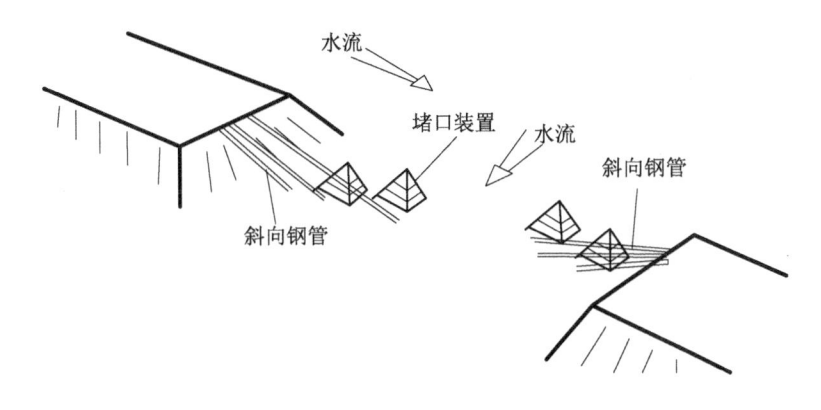

图 5-28 在决口两端打设斜向钢管桩以稳定堵口装置示意

② 抛投堵口装置。在打完一排钢管桩后,在钢管桩排的上游并紧贴它,从决口两端同时先抛投大型堵口装置,使之形成互相嵌挤结构,而后抛投小型堵口装置填塞结构中的空隙(必要时可用少量土石袋填充,以提高堵水效果),就形成了完整的临时拦水坝。

③ 若决口水流流速小于 1 m/s、水深小于 2 m 时,可直接抛投堵口装置,形成临时拦水坝。

(2) 决口宽度大于 7.5 m、水深小于 2 m 时

① 先在决口内打设两排钢管桩。两排钢管桩的平面布置如图 5-29 所示,

钢管桩排之间的横向间距约 2.5 m。

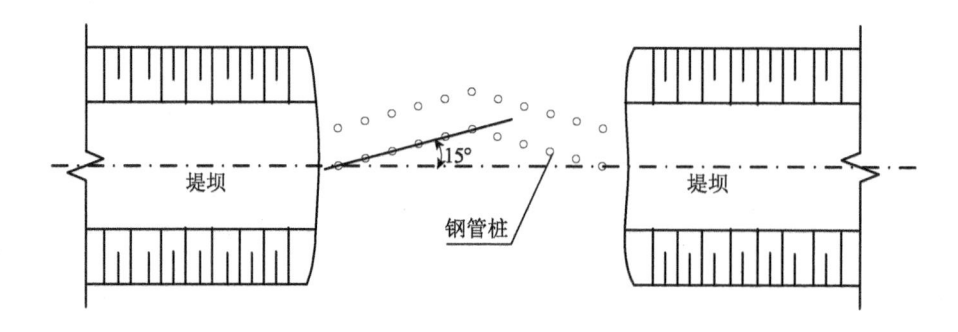

图 5-29　二排钢管桩的平面布置示意

② 边搭设作业平台边抛投堵口装置。在决口两端同时打完 6 根桩后,接着在两排钢管桩的各自上游并紧贴钢管桩排,同时抛投首批堵口装置,使之填满决口每端 3 根桩的纵向涉水范围;然后利用该 6 根桩搭建作业平台(具体搭建方法见后文内容)。之后利用该作业平台,继续按照分段打设钢管桩、抛投堵口装置、搭建作业平台的顺序向决口中部循环推进作业,直至在决口内形成完整的临时拦水坝,如图 5-30 所示。

图 5-30　二排钢管桩情况下的临时拦水坝

(3) 决口水深大于 2 m 时

① 先在决口内打设三排钢管桩。三排钢管桩的平面布置如图 5-31 所示,钢管桩排之间的横向间距约 2.5 m。

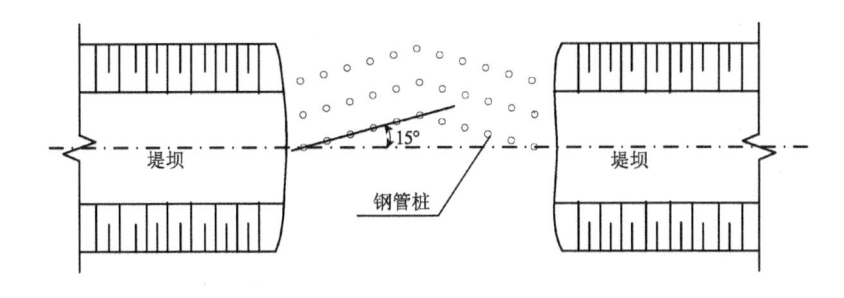

**图 5-31　三排钢管桩的平面布置示意**

② 边搭设作业平台边抛投堵口装置。在决口两端同时打完 9 根桩后,接着在三排钢管桩的各自上游并紧贴钢管桩排,同时分层抛投堵口装置,其中先抛投一层混装堵口装置,再抛投大、小型堵口装置,使之填满决口每端 3 根桩的纵向涉水范围,然后利用该 9 根桩搭建作业平台。之后的作业同工况(2),其形成的完整的临时拦水坝如图 5-32 所示。

**图 5-32　三排钢管桩情况下的临时拦水坝**

为提高堵口装置在决口水流中的稳定性,除了前述打钢管桩外,还可以采取如下几种方法:一是在无钢管桩情况下,可利用木桩、竹桩、复合材料桩等替换钢管桩;二是可在混装堵口装置的一个顶角上加装 1 根直径 8 mm 左右的锚链,锚链的末端安装 1 个 20 kg 或 50 kg 三爪锚(宜根据需要确定其重量,如图5-33、图 5-34 所示),并预先将三爪锚设置在距离堤坝决口口门一定位置,锚链则随同混装堵口装置一起抛投。有条件时,几种器材可组合使用,效果更好。

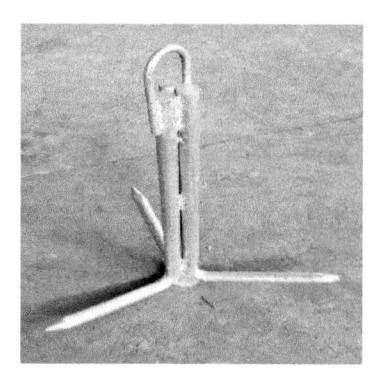

图 5-33　20 kg 三爪锚　　　　　图 5-34　50 kg 三爪锚

③ 在决口合龙时,可在口门处加密打设斜向钢管桩,还可以在钢管桩前沿抛投混装堵口装置,以便形成完整的堵口装置临时拦水坝。

第四步:决口封堵。在决口水势、流量得到明显控制的情况下,再应用从决口两端、紧贴堵口装置临时拦水坝,大量抛填土石料技术(即常规施工技术),最后完全封堵决口,如图 5-35 所示。实际上,当决口较宽时,若已堵部分的水势已经得到控制,可在第三步作业基础上,第四步作业同时跟进,也可同时在拦水坝的迎水面铺设不透水土工布,外铺黏土保护层,以进一步增强其堵口效果。在河道枯水季节,要对所抛投的堵口装置进行清除并翻修堤坝。

图 5-35　决口完全封堵后的堤坝

### 3. 作业平台搭建方法

对于较大宽度的决口,由于人工直接抛投或机械抛投堵口装置难以完全封闭决口,可采取由决口两端向决口中部逐步进占的方式实施封堵。此时就需要依托于已经抛投到水中的堵口物而搭建临时作业平台,以便推进后续作业。具体做法如下。

(1) 在决口两端的各自第一个临时作业平台的搭建

① 在两排各 3 根钢管桩打设就绪的前提下,抛投大、小堵口装置,使之填满决口每端 3 根桩的纵向涉水范围。

② 然后,在紧靠决口端部的两排各自第 3 根桩、与该桩相交叉并保持交叉点高度不高于决口端部高度,各打下 1 根竖向钢管桩,并利用脚手架卸扣将该竖桩与第 3 根桩相扣接。

③ 接着在两个交叉点上设置一根横向钢管并扣接牢靠。

④ 将预先准备好的一组两块竹胶板、木工板甚至钢板等板材,一头铺设在决口端部,另一头铺设在第一根横向钢管上。

⑤ 再将这两块竹胶板或木工板横向之间以及板与地面之间采用弯钉插入(打入地面)固定,就搭建成了第一个临时作业平台(如图 5-36、图 5-37 所示)。后续的作业就可以通过作业平台推进。

注意事项:竹胶板或木工板应主要选择市场上标准板,其主尺寸为 2.44 cm×1.22 cm,厚度为 1.5 cm 以上。在板上合适位置钻几个椭圆孔以便板的固定,可以预制储备,也可以现场临时制作。

固定板之间的弯钉应选择直径不小于 2 cm、厚度不小于 0.5 cm 的钢板条制作,可以预制储备,也可以现场临时制作。

图 5-36 第一个临时作业平台的搭建

(2) 后续临时作业平台的搭建

① 首先利用上一个临时作业平台,在靠近决口中部的两排各自第 1 根桩、

图 5-37　平台板之间的连接

与该桩相交叉并保持交叉点高度不高于决口端部高度,各打下 1 根竖向钢管桩,并利用脚手架卸扣将该竖桩与第 1 根桩相扣接;

② 接着在两个交叉点上再设置一根横向钢管并扣接牢靠;

③ 将预先准备好的一组两块竹胶板、木工板甚至钢板等板材,一头铺设在上一个作业平台的前端上部,另一头铺设在第二根横向钢管上;

④ 再采用弯钉将新铺平台板与上一个平台板进行纵向固定,同时使新铺平台板相互之间横向固定,就搭建成了后续的临时作业平台(如图 5-38 所示);

⑤ 之后就可以逐步利用新铺作业平台,按照前述方法顺序推进抛投作业了。

**4. 堵口装置适用性简明表**

鉴于决口现场情况往往很复杂,具体的施工流程、人员分配、堵口装置抛投方式以及定位方式都会影响到堵口装置最终排列状态(即临时坝体形态),从而对堵口装置所形成的临时坝体堵水效果产生不利影响。为便于今后实际应用该型堵口装置进行抢险,考虑到决口抢险应抢早抢小,研究编制了堵口装置封堵决口的适用性简明表(见表 5-4 所示),可参考使用。

# 第五章 堤坝决口的抢险技术

表 5-4 堵口装置适用性简明表

| 序号 | 决口流速 $v$(m/s) | 决口宽度 $L$(m) | 决口深度 $h$(m) | 堵口装置布局方案 | 钢管桩每排数量/排数/长度 | 排内钢管桩间距(m) | 所需堵口装置类型/数量 |
|---|---|---|---|---|---|---|---|
| 1 | ≤2.0 | ≤7.5 | ≤2.0 | 1层1排的横断面图 | X/1/6 | 约1.0 m | 根据决口宽度尺寸,靠近钢管桩的坝体纵向需放置[L/2.5]=N 个大型四面体。考虑到大型四面体需顶角相反,成对紧邻布置,因而共需大型四面体 $N+N-1=2N-1$ 个;近似认为大型四面体与小型四面体间以及大型四面体与岸边间填空填充,数量约为大型四面体的1.5倍 |
| 2 | 2~4.0 | ≤7.5 | ≤2.0 | 1层2排的横断面图 | X/2/6 | 约1.0 m | 同理,考虑决口宽度及堵口装置的排数,大型四面体10个;小型四面体15 个 |
| 3 | ≤4.0 | 10.0 | ≤2.0 | 1层2排的横断面图 | 8/2/6 | 约1.2 m | 同上,可得:需大型四面体14个;小型四面体20个 |
| 4 | ≤4.0 | 12.5 | ≤2.0 | 同上 | 9/2/6 | 约1.2 m | 同上,可得:需大型四面体18个;小型四面体26个 |
| 5 | ≤4.0 | 15.0 | ≤2.0 | 同上 | 11/2/6 | 约1.2 m | 同上,可得:需大型四面体22个;小型四面体30个 |
| 6 | ≤4.0 | 17.5 | ≤2.0 | 同上 | 14/2/6 | 约1.2 m | 同上,可得:需大型四面体26个;小型四面体36个 |
| 7 | ≤4.0 | 20.0 | ≤2.0 | 同上 | 16/2/6 | 约1.2 m | 同上,可得:需大型四面体30个;小型四面体40个 |

续表

| 序号 | 决口流速 $v$ (m/s) | 决口宽度 $L$ (m) | 决口深度 $h$ (m) | 堵口装置布局方案 | 钢管桩每排数量/排数/长度 | 排内钢管桩间距 (m) | 所需堵口装置类型、数量 |
|---|---|---|---|---|---|---|---|
| 8 | ≤4.0 | ≤7.5 | 2~4 | 下层3排,上层2排的横断面图 | X/3/9 | 约1.0 m | 此工况下共需钢管桩30根以上,呈三排布置;大型(混装)四面体26个。考虑到水深较深,需先抛投混装四面体的打桩操作。因此,需混堤坝,以便于后续的打桩操作。因此,需混装四面体5个;大型四面体21个;小型四面体38个 |
| 9 | ≤4.0 | 10.0 | 2~4 | 下层3排,上层2排的横断面图 同上 | 13/3/9 | 约0.8 m | 同上作业。需混装四面体7个;大型四面体29个;小型四面体52个 |
| 10 | ≤4.0 | 12.5 | 2~4 | 下层3排,上层2排的横断面图 同上 | 17/3/9 | 约0.8 m | 同上作业。需混装四面体9个;大型四面体37个;小型四面体64个 |
| 11 | ≤4.0 | 15.0 | 2~4 | 下层3排,上层2排的横断面图 同上 | 20/3/9 | 约0.8 m | 同上作业。需混装四面体11个;大型四面体45个;小型四面体78个 |
| 12 | ≤4.0 | 17.5 | 2~4 | 下层3排,上层2排的横断面图 同上 | 23/3/9 | 约0.8 m | 同上作业。需混装四面体13个;大型四面体53个;小型四面体90个 |
| 13 | ≤4.0 | 20.0 | 2~4 | 下层3排,上层2排的横断面图 同上 | 26/3/9 | 约0.8 m | 同上作业。需混装四面体15个;大型四面体61个;小型四面体104个 |

注:
(1) 图中的每一排堵口装置,均指装置的顶角相反、成对紧邻布置而成为一排。
(2) 图中黑色堵口装置为最底层采用土石料,其余层采用的混装的发泡装堵口装置。
(3) 表中的堵口器材数量均为最小需求值。使用时,堵口装置应按照需求量的1.2~1.5倍准备,钢管应按照需求量的1.5~2倍准备,并应根据实际情况而适当增减投入水中的装置数量。
(4) 对于钢管桩,一般情况下使用的直径48 mm、壁厚3 mm的脚手架钢管;但在水流流速较大时,也可使用管径更大的钢管。
(5) 当决口宽度大于表中所列工况之间时,成对使用的竹排数量,参照表中的参数基准数。凡是决口宽度大于7.5 m以上的,当只能采用人工抛投方式时,原则上都要构筑临时作业平台以便推进堵口作业。竹排投放数量($M$)计算方式为,$M=\text{int}[(L-7)/2.44+1]×2$。例如10 m宽的决口,需要的竹排数量为4块。
(6) 表2列出的堵口情况,钢管桩的打设深度宜为同等情况下粘性土中打入深度的1.5倍。
(7) 对于决口底部为砂性土质的情况,先利用重型四面体(即装满土石料的混装四面体)进行试投,若能稳定性较好可不用打桩。原则上在决口流速较低、宽度、深度均较小的情况下无须打桩。
(8) 在运用本方案前,先利用重型四面体装满土石料的混装四面体进行试投,若能稳定性较好可不用打桩。

图 5-38　后续临时作业平台的搭建

**5. 堵口装置的拼组及抛投作业法**

(1) 堵口装置的拼组作业法

对于大型堵口装置，一般需要 5 名作业手，分为 2 组：第一组 3 人、第二组 2 人。在器材搬运过程中，第一组搬运重量较重的器材，第二组搬运重量较轻的器材。

装置拼组的步骤细分如下。

第一步：拆开成片包装的堵口装置和膨胀袋的塑料包装袋。

第二步：第一组将带有数层三角形搁架的第 3、第 4 两片网板打开并成 60°夹角放置在地面上，然后将第 3 片网板所带数层搁架翻转放平扣接到第 4 片网板上；第一组将相互铰接的第 1、第 2 两片网板打开后平放在地面上（如图 5-39 所示），接着去取卸扣和 2 根撬棍。

第三步：第一组将第 3、4 两片网板的组装体抬至第 2 片网板之上，先对齐，再用卸扣将第 2 与第 3 网板、第 2 与第 4 网板之间对接（如图 5-40 所示）。其中，第一组负责装卸扣，第二组负责利用撬棍配合装卸扣。

第四步：两组作业手分组共同将不同尺寸的膨胀袋，分别放入尺寸相对应的三角形搁架上，每块膨胀袋均由 3 人配合展开，并将它们的系绳拉出系在相邻的网板上。

第五步：第二组作业手将第 1 片网板向上翻转，第一组配合，将其与第 3、第 4 两片网板分别利用卸扣对接，即形成了完整的正四面体（如图 5-41 所示）。若四面体内部装填土石料，则不需要将三角形搁架翻转，而直接装填土石料。

图 5-39　打开第一组两片网板

图 5-40　将第二组网板展开后再对接上第一组网板

图 5-41　拼组成型的四面体实物

(2) 人工抛投堵口装置作业法

① 混装堵口装置的抛投

当需要抛投混装堵口装置时,可人工抛投,也可利用助抛装置助抛,如图 5-42 所示。助抛装置在堤坝上的布置如图 5-43 所示。

具体作业步骤如下。

第一步：6 人合力将助抛装置从车上卸载,并跑步抬运至助抛点(事先标定),然后一同下落装置并进行安装。

第二步：助抛装置每侧 1 人拿土钉、1 人抡锤,将 2 根土钉穿过装置两侧的固定孔、打入堤坝土体中固定;然后再打设助抛装置后端的两根固定钉,并拉紧张紧索。

注意事项：当需要调整助抛装置的方向时,只要拔出 1 根土钉,转动方向后

图 5-42 助抛装置示意图

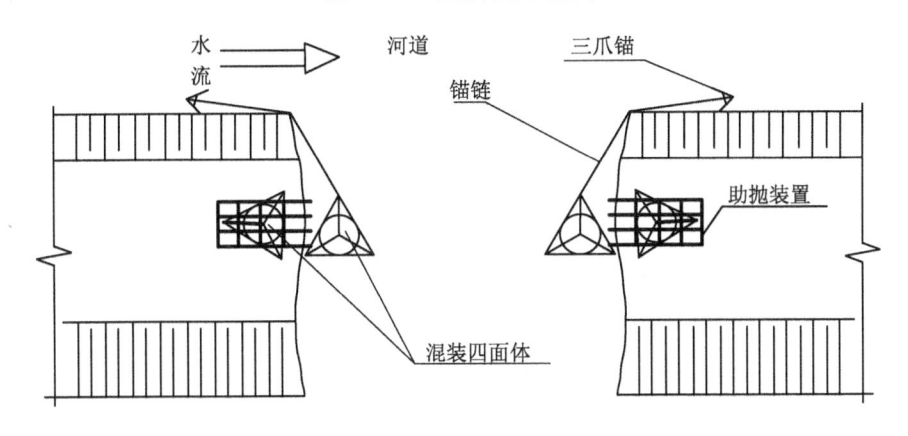

图 5-43 堵口装置投锚、助抛装置的平面布置示意图

再重新打下这根土钉即可。

第三步：拼组作业手将 1 套大型堵口装置的网板抬上助抛装置,拼组成四面体(第 1 网板先不合门),然后填塞入土石料袋子,直至填塞到符合要求后合上第 1 网板并扣接(在此过程中,助抛装置作业手配合装置拼组作业手充填土袋子)。

第四步：助抛装置作业手分两边各 2 人、后端 2 人,协同将混装堵口装置向决口处推下助抛装置,即完成一个混装堵口装置的抛投作业。

注意事项：当需要抛投三爪锚以加强堵口装置的稳定性时,可预先将三爪锚放置在决口两端、且距离决口有一定距离的迎水坡面上(具体距离视锚索的长度确定),其锚索与堵口装置相连。在堵口装置投入水中的同时,由 2 人利用撬棍将三爪锚撬入水中即可。

② 大型堵口装置的抛投

多组，每组 5 人，先将拼组好的大型堵口装置抬运并靠近决口的端部（若决口端部的土质条件不好，可考虑预先支垫好木板等），然后由 2~3 名作业手用撬棍插入四面体的底部，合力将大型堵口装置撬入水中。

③ 小型堵口装置的抛投

拼组好的小型堵口装置可由 1~2 人直接推入或 2 人合力将其甩入决口中。

注意事项：此处抛投作业，要遵循"立堵和平堵相结合"的原则。

(3) 机械抛投堵口装置作业法

机械抛投，主要是解决当决口口门较宽、人工难以将混装堵口装置抛投到口门中间部位的问题。当决口口门宽度在 7.5 m 以内时，不需要机械助抛。

① 抛投机械类型

a. 在堤坝道路状况较好、适合汽车吊上堤的情况下，可以使用汽车吊助抛。

b. 在堤坝道路状况不佳、不适合汽车吊上堤的情况下，可以使用农用三轮吊车助抛。这类农用三轮吊车（如图 5-44 所示）自身较轻便，机动性能好，对道路的要求较低，吊重 3~5 t，吊臂长 5~8 m，也适合抛投混装堵口装置（单体自重不超过 4 t）。

图 5-44　几种农用三轮吊车

② 抛投方法

当需要利用机械抛投混装堵口装置时，将汽车吊驾驶到靠近决口的一端并落脚固定，然后将混装堵口装置吊起、旋转、伸出吊臂直至需要的长度，再将混装堵口装置投下即可。

③ 特殊情况下的机械抛投作业法

当水库闸门等结构物受到洪水威胁、需要抢险时，可利用多个四面体拼组成超大型堵口结构物堵口,此时应采用大型吊机实施抛投作业。通常情况下,可对 4 个混装堵口装置(全部装满土石袋)进行组合(如图 5-45 所示),可采用辅助吊架(如图 5-46 所示)进行统一起吊作业。

具体分为以下五个步骤。

第一步:先各自拼组 4 个混装堵口装置,并装满内部充填物。

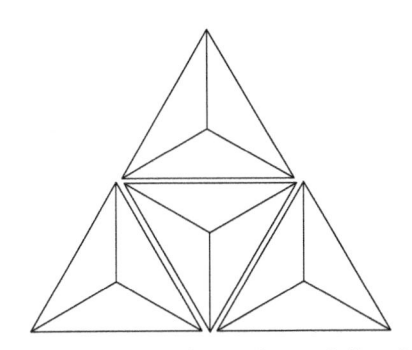

图 5-45　4 个混装堵口装置组合体示意　　图 5-46　4 个混装堵口装置组合体的辅助吊架

第二步:将 4 个混装堵口装置按图 5-53 运用卸扣进行两两连接,就形成了超大型的组合体(此项工作非必要)。

第三步:将辅助吊架先通过吊索串接上微爆炸自动脱钩装置,再挂到大型吊机的吊钩上,如图 5-47 所示。

第四步:利用钢索穿过辅助吊架下焊接的 4 个吊环,将大型组合体的 4 个顶点与辅助吊架下的 4 个吊环相对应,并利用卸扣进行固定连接。

第五步:利用大型吊机将大型组合体吊起、旋转、伸出吊臂直至需要的长度,再通过遥控引爆微爆炸自动脱钩装置,使堵口装置自动脱钩投下即可。

注意事项:辅助吊架为非必需品,也可利用一个吊环,直接将连接 4 个混装堵口装置的吊索穿过吊环,然后用一根粗吊索串接上微爆炸自动脱钩装置,再挂到大型吊机的吊钩上(如图5-48 所示),即可实施堵口装置组合体抛投作业。

### 五、混合技术堵口

除以上四种封堵决口的技术外,还有排桩堆料截流堵口技术、柳石枕堵口技术、埽捆堵口技术、沉船堵口技术等,都是行之有效的堵口技术。在实施堵口时,要根据实际情况综合选用,有条件时可同时进行平堵和立堵,以达到迅速、快捷、

图 5-47　吊机吊起 4 个混装堵口装置组合体

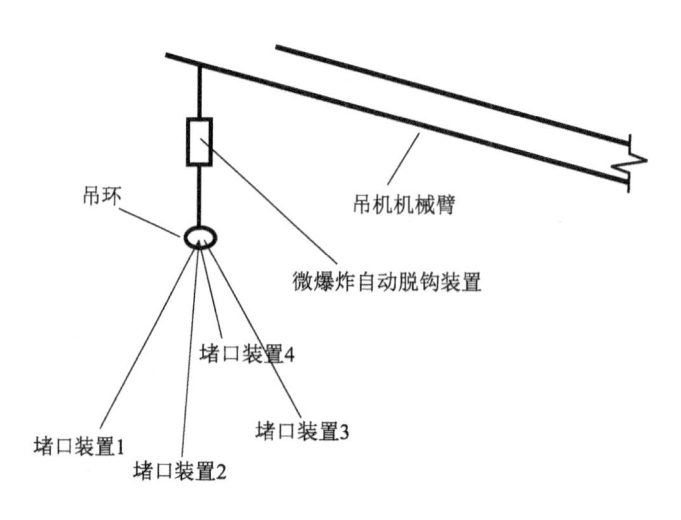

图 5-48　4 个堵口装置组合体的统一起吊抛投简易方法示意

可靠的目的。

混合堵口技术,就是根据当时的决口长度、流速、流量、水深、地质,选用几种堵口技术进行综合运用。它能克服较大的流速、流量、水深以及各种复杂的地质情况。其方法步骤如下。

第一步：护固坝头。就是采用钢木石组合坝技术加固决口两端坝头,防止决口进一步扩大。

第二步：减速减压。就是在决口上游抛锚停船或者在决口处实施爆破沉船,以便减小决口的流速流量和对原坝体的冲压力。

第三步：进占合龙。可采用钢木土石组合坝或者抛石、抛石笼、抛堵口装置等技术有效地实施封堵决口。

第四步：排渗阻流。就是用土工布在截流坝的临江坡面上做防渗处理,也可以采用修筑月堤的方法防止洪水继续渗漏,危及新坝体。

综上所述,封堵决口的技术是比较多的。由于各地区的地理条件不一,决口的复杂程度不一,加之当地的技术力量和材料供应及其运输条件等具体情况不一,正确选择堵口技术尤为重要。

## 六、构筑临时防洪堤

当决口短时间内难以封堵时,为确保重点防洪目标不受或少受洪水侵害,需在距决口适当距离的地段上构筑临时防洪堤,以抵挡洪水的袭击。临时防洪堤构筑方法有人工和机械两种。

**1. 人工作业方法**

(1) 清除杂物。在拟构临时防洪堤处,标出防洪堤轴线。沿轴线清除其堤基处的杂草和树木。

(2) 垒堤。用编织袋装土或小石子,装七至八成后封口,然后沿堤基堆砌,垒堤方法和要求基本上与构筑土袋子堤相同。

**2. 机械作业方法**

(1) 清除杂物。其要求同人工作业方法。

(2) 堆堤。用推土机把堤基外的土推至堤基上,用碾压机压实;或用挖掘机挖土、装土,用翻斗运输车把土运至堤基处,再用碾压机碾压密实;逐层往上筑,每层厚约 50 cm,直至构筑高度。

# 第六章
# 爆破技术在防汛抢险中的应用

## 第一节 爆破清障

汛期河道中的天然障碍物、工程设施及建(构)筑物都会不同程度地影响河道过水能力,可能造成洪水泛滥。因此,河道内的下列阻水障碍物和工程设施必须清除或改建。

(1) 壅水、阻水严重的桥梁、引道、码头、房屋和其他跨河工程设施。

(2) 阻水道路、阻水渠道。

(3) 行洪通道内影响行洪的树木和堆放的物料。

(4) 其他影响河道安全泄洪和河势稳定的障碍物。

对必须紧急清除的障碍物,通常采用爆破法清除。爆破施工时,应由爆破工程技术人员进行方案设计和现场指导。

### 一、桥梁爆破拆除

影响泄洪且需要拆除的桥梁,一般为中小型桥梁。其主要类型有两类:拱桥和梁式桥。桥梁一般由上部结构(梁、板等)、桥墩和桥台组成。爆破时,应根据周围的爆破环境好坏或情况急缓,选择普通接触爆破(装药置于目标之表面或药龛内)、内部装药(装药置于药孔或者药洞内)控制爆破、线性聚能装药切割爆破等。实践表明,爆后构件因自重较大,将会侵入至河底淤泥中,不会形成新的障碍。

**1. 外部接触爆破拆除**

(1) 当情况紧急,且桥梁周围空旷、爆炸冲击波对门窗玻璃的安全距离足够时,可采用外部集团装药接触爆破。各种桥梁的爆破部位、中级炸药(TNT)药量计算公式及破坏半径(每一个装药的爆破范围)的选取见表6-1。

表6-1 桥梁接触爆破部位选择与药量计算

| 结构形式 | | | 爆破部位 | 装药量计算公式 | 破坏半径 $R$ 的选取 |
|---|---|---|---|---|---|
| 拱桥 | 下部结构 | | 炸桥台 | $C = 1.3ABR^3$ | $R$ 取桥台之厚 |
| | | | 炸中间桥脚 | $C = 1.3ABR^3$ | $R$ 取桥墩厚度 |
| | 上部结构 | 普通拱桥 | 桥墩上部的药洞内 | $C = 1.3ABR^3$ | $R$ 大于装药中心到拱脚的距离 |
| | | | 拱肩(即拱顶两侧或一侧) | $C = 1.3ABR^3$ | $R$ 取拱体厚度 |
| | | | 拱顶桥面上 | $C = 1.3ABR^3$ | $R$ 取拱顶全厚的2倍,即 $R = 2a$ |
| | 上部结构 | 双曲拱桥 | 拱洞内对正拱肋的拱板上,或对正每根拱肋的桥面上 | $C = 1.3ABR^3$ | $R$ 取两拱肋间隔之半,或拱肋高加拱板,或桥面至拱肋下缘之距 |
| 梁式桥 | 上部结构 | 简支梁桥 | 桥跨中央上部或桥墩上部支座处 | $C = 1.3ABR^3$<br>钢桥:$C = 25F$<br>或 $C = 10hF$ | $R = $ 主梁高 + 桥板厚 |
| | | 悬臂梁桥 | 两端支座与跨中之间 | $C = ABR^3$ | 同上 |
| | | 连续梁桥 | 桥节同一侧,亦可选在桥脚上部 | 直列装药:<br>$C = ABR^2L$<br>集团装药:<br>$C = 1.3ABR^3$ | 同上 |
| | 下部结构 | | 桥台 | $C = 1.3ABR^3$ | 同拱桥(但装药倾斜配置) |
| | | | 桥墩 | $C = 1.3ABR^3$ | 同上 |

(2)外部装药接触爆破药量计算公式

① 钢筋混凝土或砖(料石)砌体

集团装药(kg): $\qquad Q = ABR^3 \qquad$ (6-1)

式中,$A$ 为材料抗力系数,对砖砌体取 0.77～1.24,对料石墙取 1.45,对素砼取 1.5～1.8,对钢筋混凝土取 5(不炸断钢筋)。$B$ 为填塞系数,装药在目标表面且有土层覆盖时取 5；在桥台挡土墙后的土壤内且填塞时，取 1.5。$R$ 为破坏半径（m）。

直列装药（kg）：
$$Q = ABR^2 \cdot L \tag{6-2}$$

式中，$L$ 为装药长度（m）。其他参数含义同前。

如使用铵梯、乳化炸药，在式(6-1)、式(6-2)计算的装药量基础上增加 50%。

② 钢结构

A. 钢板厚 $h < 2.5 \text{ cm}$：
$$C = 25F \tag{6-3}$$

B. 钢板厚 $h \geq 2.5 \text{ cm}$：
$$C = 10hF \tag{6-4}$$

式中，$C$ 为中级炸药药量（g）；$F$ 为钢板要求炸断的截面积（$\text{cm}^2$）；$h$ 为钢板厚度（cm）。

上述公式不仅适用于桥梁，亦适于建（构）筑物的外部接触爆破。

(3) 空气冲击波对建筑物的安全距离确定

冲击波对建筑物的安全距离（m）按下式计算：
$$r_B = K_B \cdot C^{1/2} \tag{6-5}$$

式中，$K_B$ 为安全系数，安全无损坏取 50～100；玻璃偶然损坏，取 10～30；玻璃完全破碎，门窗局部破坏，取 5～8。$C$ 为裸露的集团装药量（kg）。

**2. 药孔装药控制爆破拆除**

若桥梁爆破的安全环境不允许，应采用控制爆破。桥梁主要由梁、板、柱（桥脚）等构件组成，爆破时可根据其构造形式选取相应药量公式进行计算。其爆破部位可参照表 6-1 选取。

(1) 药孔参数

① 最小抵抗线 $W$

最小抵抗线 $W$ 是拆除爆破的一个主要设计参数，通常 $W$ 值应根据爆破体的材质、几何形状和尺寸、钻孔直径、要求破碎块度的大小等因素综合考虑加以选定。拆除爆破中，一般选用的 $W$ 值均在 1 m 以下。

当爆破体为薄壁结构或小断面钢筋混凝土梁柱时，$W$ 值只能是壁厚或梁柱断面中较小尺寸边长的一半，即 $W = 0.5B$，$B$ 为壁厚或梁柱断面的宽度。当爆破体为大体积圬工（如桥墩、桥台、高大建筑物或重型机械设备的混凝土基座

等),并采用人工清渣时,破碎块度不宜过大,最小抵抗线 $W$ 可取如下值:

混凝土圬工体,$W=35\sim50$ cm;

浆砌片石、料石圬工体,$W=50\sim70$ cm;

钢筋混凝土墩台帽,$W=(3/4\sim4/5)H$ cm,$H$ 为墩台帽厚度。

② 炮孔间距 $a$ 和排距 $b$

通常完成一定的拆除爆破工程任务,是通过多炮孔爆破的共同作用实现的。因此,相邻两炮孔之间的距离 $a$ 是一个重要的参数。在爆破大体积圬工体时,往往还需要采用多排炮孔爆破,因此,相邻两排炮孔之间的排距 $b$ 又是另一个重要参数。$a$ 和 $b$ 值选择得是否合理,对爆破安全、爆破效果和炸药能量的有效利用率均有直接影响。

对于各种不同建筑材料和结构物,采用下列 $a/W$ 比值是合适的:

混凝土圬工体,$a=(1.0\sim1.3)W$;

钢筋混凝土结构,$a=(1.2\sim2.0)W$;

浆砌片石或料石,$a=(1.0\sim1.5)W$;

浆砌砖墙,$a=(1.2\sim2.0)W$,$W$ 为墙体厚度 $B$ 的二分之一,即 $W=1/2B$;

混凝土薄地坪切割,$a=(2.0\sim2.5)W$,取 $W$ 等于炮孔深度 $L$;

预裂切割爆破,$a=(8\sim12)d$,$d$ 为炮孔直径。

多排炮孔一次起爆时,排距 $b$ 应略小于孔距 $a$,根据材质情况和对破碎块度的要求,可取 $b=(0.6\sim0.9)a$;多排炮孔逐排分段起爆时,考虑前排爆堆的影响,宜取 $b=(0.9\sim1.0)a$。

③ 炮孔直径 $d$ 和炮眼深度 $L$

目前,在拆除爆破中,大多采用炮孔直径 $d=38\sim44$ mm 的浅孔爆破,对于桥墩,亦可采用 $d=100$ mm 的潜孔钻穿垂直孔。

炮孔深度 $L$ 也是影响拆除爆破效果的一个重要参数。合理的炮孔深度可避免出现冲炮或座炮,使炸药能量得到充分利用,保证良好的爆破效果。设计时应尽可能避免炮孔方向与药包的最小抵抗线方向重合;同时,应使炮孔深度 $L$ 大于最小抵抗线 $W$,要确保炮孔装药后的净堵塞长度 $L_1$ 大于或等于 $(1.1\sim1.2)W$,即 $L_l\geq(1.1\sim1.2)W$。

(2) 药量计算

各种不同条件下的单孔装药量 $Q$ 按以下公式计算:

$$Q = qWaH \quad (6-6)$$

$$Q = qabH \quad (6-7)$$

$$Q = qBaH \quad (6-8)$$

以上各式中，$Q$ 为单孔装药量(g)；$W$ 为最小抵抗线(m)；$a$ 为炮孔间距(m)；$b$ 为炮孔排距(m)；$B$ 为爆破体的宽度或厚度(m)，$B=2W$；$H$ 为爆破体的爆除高度(m)；$q$ 为单位用药量(g/m³)，不同材质不同爆破条件下的 $q$ 值可从表6-2、表6-3中选取。为保证爆破效果，在抢险时，按公式(6-6)至公式(6-8)计算出的药量可适当增加15%～20%。

表6-2 单位用药量 $q$ 及平均单位耗药量 $\sum Q/V$

| 爆破对象 | $W$ (cm) | $q$ (g/m³) 一个临空面 | 二个临空面 | 多临空面 | $\sum Q/V$ (g/m³) |
|---|---|---|---|---|---|
| 混凝土圬工强度较低 | 35～50 | 150～180 | 120～150 | 100～120 | 90～110 |
| 混凝土圬工强度较高 | 35～50 | 180～200 | 150～180 | 120～150 | 110～140 |
| 混凝土桥墩及桥台 | 40～60 | 250～300 | 200～250 | 150～200 | 150～200 |
| 混凝土公路路面 | 45～50 | 300～360 |  |  | 220～280 |
| 钢筋混凝土桥墩台帽 | 35～40 | 440～500 | 360～400 |  | 280～360 |
| 钢筋混凝土桥板梁 | 30～40 |  | 480～550 | 400～480 | 400～480 |
| 浆砌片石或料石 | 50～70 | 400～500 | 300～400 |  | 240～300 |
| 浆砌砖墙 | 厚约37 cm | 18.5 | 1 200～1 400 |  | 850～1 000 |
| 浆砌砖墙 | 厚约50 cm | 25 | 950～1 100 |  | 700～800 |
| 浆砌砖墙 | 厚约63 cm | 31.5 | 700～800 |  | 500～600 |
| 浆砌砖墙 | 厚约75 cm | 37.5 | 500～600 |  | 330～430 |
| 混凝土大块二次爆破 | $BaH = 0.08～0.15$ m³ |  |  | 180～250 | 130～180 |
| 混凝土大块二次爆破 | $BaH = 0.16～0.4$ m³ |  |  | 120～150 | 80～100 |
| 混凝土大块二次爆破 | $BaH > 0.4$ m³ |  |  | 80～100 | 50～70 |

注：① $\sum Q/V$ 表示爆破每立方米介质的平均单位耗药量。
② 本表 $q$ 值系按 $a = (1.0～1.2)W$ 时得出的。

表 6-3　钢筋混凝土梁柱爆破单位用药量 q 及平均单位耗药量 $\sum Q/V$

| W (cm) | q (g/m³) | $\sum Q/V$ (g/m³) | 布筋情况 | W (cm) | q (g/m³) | $\sum Q/V$ (g/m³) | 布筋情况 |
|---|---|---|---|---|---|---|---|
| 10 | 1 150～1 300 | 1 100～1 250 | 正常布筋单箍筋 | 40 | 260～280 | 240～260 | 正常布筋单箍筋 |
|  | 1 400～1 500 | 1 350～1 450 |  |  | 290～320 | 270～300 |  |
| 15 | 500～560 | 480～540 | 正常布筋单箍筋 |  | 350～370 | 330～350 | 布筋较密双箍筋 |
|  | 650～740 | 600～680 |  |  | 420～440 | 400～420 |  |
| 20 | 380～420 | 360～400 | 正常布筋单箍筋 | 50 | 220～240 | 200～220 | 正常布筋单箍筋 |
|  | 420～460 | 400～440 |  |  | 250～280 | 230～260 |  |
| 30 | 300～340 | 280～320 | 正常布筋单箍筋 |  | 320～340 | 300～320 | 布筋较密双箍筋 |
|  | 350～380 | 330～360 |  |  | 380～400 | 360～380 |  |
|  | 380～400 | 360～380 | 布筋较密双箍筋 |  |  |  |  |
|  | 460～480 | 440～460 |  |  |  |  |  |

式(6-6)适用于多排炮孔靠近临空面一排炮孔的药量计算;式(6-7)适用于多排炮孔中间各排炮孔的药量计算,这些炮孔一般仅有一个临空面;式(6-8)适用于爆破体较薄、只在中间布置一排炮孔时的药量计算,计算时 q 应选用多面临空的数值。

(3) 起爆网路

尽可能采用电点火串联起爆网路,如图 6-1 所示。亦可采用导爆管网格式闭合网路,如图 6-2 所示,但需注意导爆管连接处不得进入杂质和水。

(4) 安全防护

防护是拆除爆破施工的重要环节,不仅可以制止个别飞石造成的危害,还可起到降低爆破噪声的效果。防护可分为以下三种。

① 覆盖防护。即直接在爆破体上进行覆盖防护,是拆除爆破中的主要防护方法。用作覆盖防护的材料有:草袋(或草帘)、废旧轮带(或胶管)编制的胶帘、荆笆(竹笆)或铁丝网等。

覆盖防护是直接防止爆破碎块飞扬的屏障,它能减小碎块的飞散距离或降低碎块飞出的速度。防护的重点是可能产生飞石的薄弱面以及面向居民区或交通要道的方向。覆盖时要特别注意保护好爆破网路,不得损坏它。

(a) 单排孔跳接法

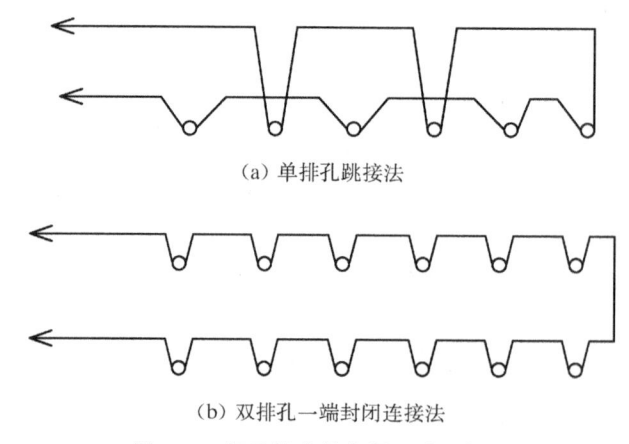

(b) 双排孔一端封闭连接法

图 6-1　便于检查的电爆网路连接法

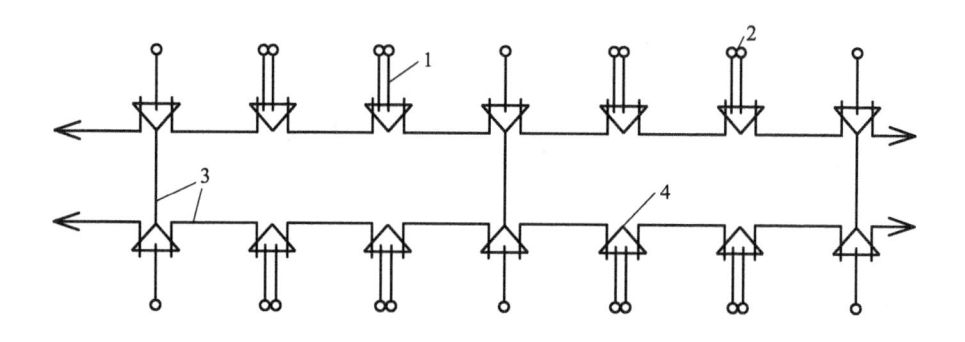

1—导爆管组合雷管；2—药包；3—连接导爆管；4—四通

图 6-2　导爆管网格式闭合网路

② 近体防护。在爆破体或爆破物附近设置的防护,亦称间接防护。它可遮挡从覆盖防护中飞出的爆破碎块。近体防护一般是在围挡排架挂以防护物。防护物可用荆笆、铁丝网或尼龙帆布,排架可用杉杆或毛竹作骨架。

③ 保护性防护。当在爆破危险区内或爆破点附近,有重要设备或设施需要保护时,在被保护的物体上再进行遮挡或覆盖防护,这种防护称为保护性防护。根据保护物对象的不同,可选用草袋、荆笆(竹笆)、铁丝网、钢板、木板、方木和圆木等不同防护材料。

## 二、楼房爆破拆除

有的行洪区因某些原因也建有楼房等建筑物。当汛期必须拆除时,可采取爆破拆除等方式。楼房等类似建筑物的爆破与桥梁爆破一样,可采用外部装药爆破,亦可采用控制爆破,其适应条件是相同的。楼房爆破主要是通过爆破楼房不同部位的"高度差"和起爆先后顺序的"时间差",使楼房在爆破的瞬间呈偏心失稳状态,在重力作用下形成倾覆力矩,从而使整个楼房倾倒解体,并通过落地撞击使其解体更加充分彻底。

**1. 倒塌形式及起爆顺序**

楼房爆破的倒塌形式,可根据楼房的结构类型、高度 $H$ 与宽度 $B$ 之比(即高宽比 $H/B$)和环境条件等因素确定,主要有定向倒塌、折叠倒塌、内向倒塌和原地坍塌四种。

(1) 当 $H/B>2$,楼房一侧有空地(空地长 $L>2H/3$)时,采用定向倒塌。实现定向倒塌的方法有二:一是沿倾倒方向的承重墙和柱上爆破不同的高度(即炸高)$h_i$,$h_1>h_2>h_3>h_4$;二是安排恰当的起爆顺序,如图 6-3 所示。

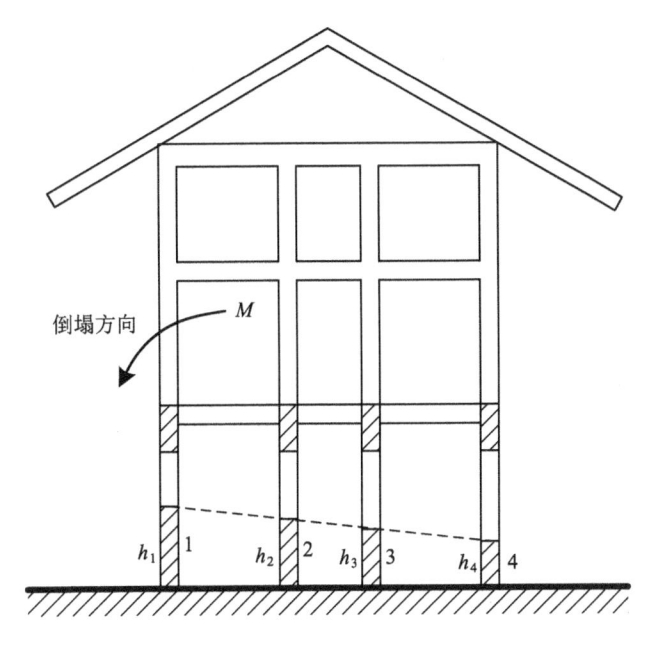

图 6-3 定向倒塌方案示意图

$h_1$ 至 $h_4$—炸高;1 至 4—起爆顺序

(2) 当 $H/B \gg 2$,且场地受限 $(L \leqslant 2H/3)$ 时,可采用折叠爆破,如图 6-4 所示。其方法是将楼房自上而下分成若干段爆破区,按照从上至下的顺序分段起爆,即上一段爆破并折叠到一定角度后再爆下一段,以减小塌落长度。

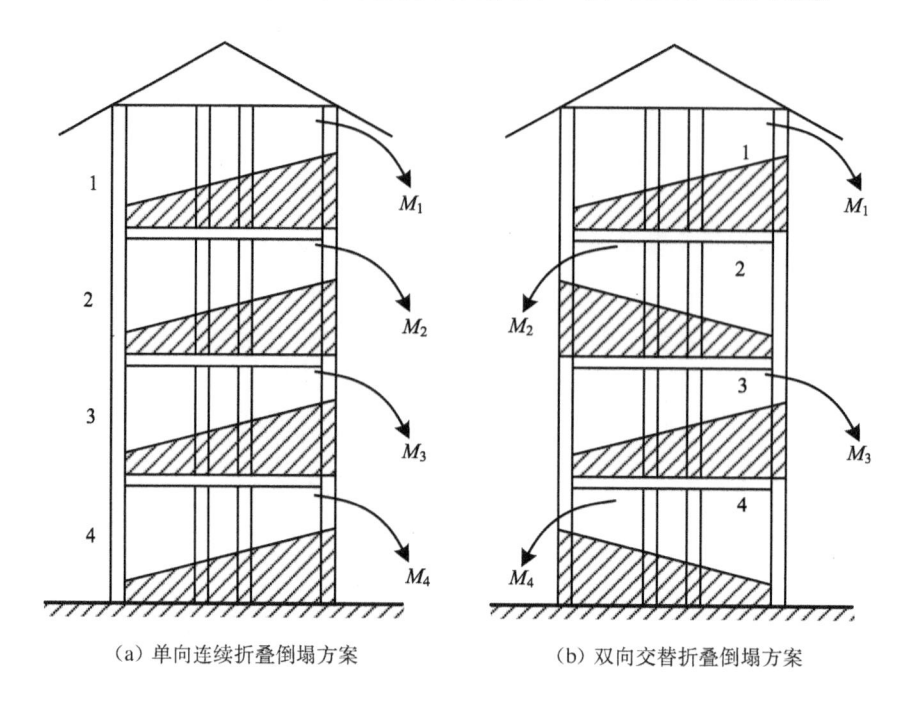

(a) 单向连续折叠倒塌方案　　　　(b) 双向交替折叠倒塌方案

**图 6-4　折叠倒塌方案示意图**

(3) 当 $H/B \ll 2$,即楼房四周无场地时,可设计向内部倒塌的方案,如图 6-5 所示。内部倒塌是利用时间延迟和炸高的不同,使建筑物中间部位先炸塌,周围部分向已炸塌的中间部分合龙,在合龙过程中扭曲、碰撞,实现进一步解体,但内向倒塌爆堆较高。

(4) 当 $H/B < 2$ 时,一般采用原地坍塌,如图 6-6 所示。

将最下层所有承重墙和柱炸毁到相同高度,同时将上层梁、柱、板连接点炸开,建筑物就可以实现原地坍塌。为减少二次破碎,可以考虑把上层靠重力摔不断的较大构件钻孔截断。要求控制塌散范围时,应由里向外起爆,先起爆内承重墙柱,后起爆外承重墙柱;要求降低堆积高度时,则应先起爆外墙,后起爆内墙;无特殊要求时,也可将所有装药同时起爆。

**2. 爆破部位、破坏高度和破坏程度**

爆破拆除承重墙结构楼房,主要是爆破底层的承重墙和柱。采用原地坍塌方案时,应爆破底层全部墙和柱。定向倒塌时,反向的砖墙和砖柱可不爆破,对

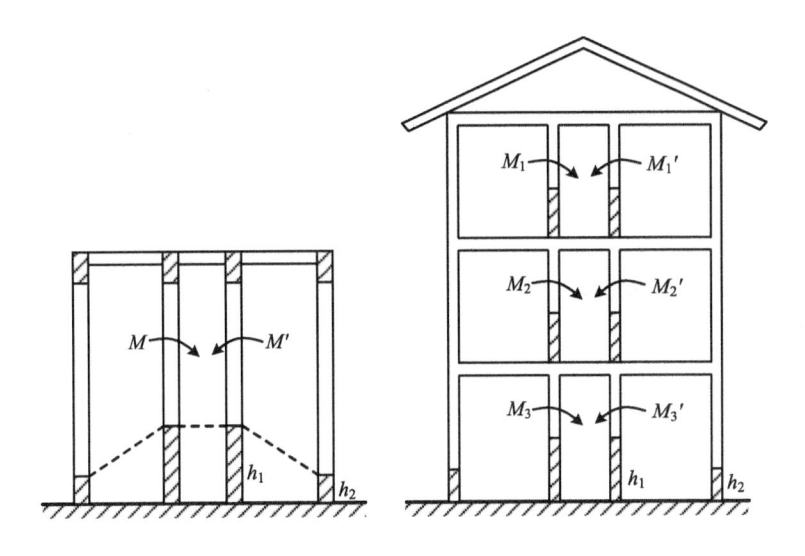

图 6-5 向中间倒塌方案

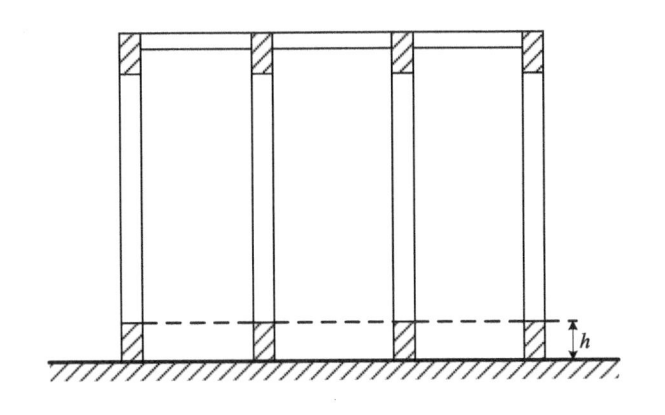

图 6-6 原地倒塌示意图

钢筋混凝土柱,则应爆破一定高度,以形成铰链。其余承重墙和柱均应爆破足够的高度,使倒向形成一定高度的爆裂口,反向未爆墙柱则起支撑作用。

(1) 爆破部位

为了减少药孔数量,爆破部位通常选择在门窗一线。

(2) 破坏高度

原地坍塌时,破坏高度 $H_p$(一般指上、下排药孔轴线间的距离)不小于墙厚 $\delta$ 的 2～2.5 倍,即 $H_p \geq (2～2.5)\delta$。

定向倒塌时,可采用一字形爆裂口或三角形爆裂口,倒塌方向的破坏高度

$H_p$ 不应小于墙厚 $\delta$ 的 2.5~3 倍,即 $H_p \geqslant (2.5 \sim 3)\delta$。

(3) 破坏程度

布孔范围内的墙体和立柱必须充分破碎,并散离原位,以形成连续的爆裂口。如破碎不充分,则容易形成支点,造成爆后不倒的严重后果。为保证效果,药孔一般不小于 3 排。

**3. 爆破方式、装药参数及装药设置**

(1) 外部装药爆破

① 破坏半径 $R$

用外部装药爆破墙体,破坏半径 $R$ 应等于墙体厚度 $\delta$,有时为了减少装药个数,在环境条件允许的情况下,可适当增大破坏半径,但一般不应超过墙体厚 $\delta$ 的 1.5 倍,即 $R \leqslant 1.5\delta$。

② 装药间距 $a$

用外部装药爆破墙体,通常配置一列装药。装药的间距 $a$ 取破坏半径 $R$ 的 2 倍,即 $a = 2R$。

③ 单个装药量计算

采用集团装药或直列装药,其药量计算分别按式(6-1)和式(6-2)计算。

④ 装药设置

地面无水时,为便于设置装药,装药可放置在紧贴墙脚的地面上,用黏土覆盖并压实,覆土的厚度应不小于墙厚。墙体部分被洪水淹没时,装药应设置在水面以上,为减少装药个数,应尽量设置在门窗一线。为便于固定装药,可在装药位置用大锤将砖墙打开成药洞,然后将药块放入药洞,药块外端与洞口平齐。

(2) 穿孔内部装药爆破

① 最小抵抗线 $W$

对于砖墙,最小抵抗线为墙厚 $\delta$ 的一半,即 $W = \delta/2$;对于立柱,最小抵抗线为立柱截面短边边长 $B$ 的一半,即 $W = B/2$。

② 孔深

对于砖墙和矩形截面的立柱,应使装药的中心处于墙柱的中心;对于砖墙,$L = (\delta + l)/2$;对于立柱,$L = (B + l)/2$。式中 $l$ 为装药长度。

一般情况下,孔深可按公式 $L = (3/5 \sim 2/3)\delta$ 或 $L = (3/5 \sim 2/3)B$ 计算。

对于长方形截面的立柱,从短边钻孔时,孔深按公式 $L=H-B/2$ 计算,式中,$H$ 为立柱截面长边边长;$B$ 为立柱截面短边边长。

③ 药孔间距 $a$ 和排距 $b$

爆破墙壁通常采用多排药孔,药孔呈方格状或梅花状布置,药孔间距 $a$ 和排距 $b$ 相等,一般取最小抵抗线 $W$ 的 2 倍,即 $a=b=2W$。为减小药孔数量,药孔应布置在门窗一线,下列药孔距窗台 30 cm。

④ 药孔的排数 $m$

药孔通常为 3～4 排。采用定向倒塌方案时,倒塌方向排数较多,反向排数较少,但不应少于两排。

⑤ 单个装药量 $Q$

药孔法爆破墙壁通常采用 2 号岩石硝铵炸药或乳化炸药,单个装药量也可按下式计算:

$$Q=qab\delta \quad (6-9)$$

式中,$Q$ 为单孔装药量(g),$a$ 为药距(m),$b$ 为排距(m),$\delta$ 为墙厚(m),$q$ 为单位耗药量(g/m$^3$),见表 6-4。

表 6-4 砖砌体单位耗药量 $q$ 值

| 墙厚(m) | 最小抵抗线(m) | $q$(g/m$^3$) ||
|---|---|---|---|
| | | 一个自由面 | 两个自由面 |
| 0.37 | 0.185 | 1 200～1 400 | 1 000～1 200 |
| 0.5 | 0.25 | 950～1 100 | 800～950 |
| 0.63 | 0.315 | 700～800 | 600～700 |
| 0.75 | 0.375 | 500～600 | 400～500 |

实践表明,墙角和墙边柱的夹制作用较大,装药量应适当增加。但增加量一般不超过 20%。表 6-4 中,$q$ 值适应于水泥砂浆砌的砖墙,对石灰砂浆砌的砖墙可适当减小,对于钢筋混凝土梁柱,可按式(6-6)至式(6-8)确定。

**4. 爆破安全性计算**

对于外部装药爆破,应按式(6-5)校核其冲击波。

对于药孔法爆破,药孔数较多,总药量较大,如果周围环境复杂,距需要保护的建筑物较近时,必须考虑爆破震动效应的影响。可采用分段微差起爆技术,控制一次起爆药量,以降低爆破震动强度,使爆破震速小于建筑物的最大允许震速。一次起爆的最大允许药量可按下式计算:

$$Q_{\max} = R^3 (V/K_c)^{3/a} \tag{6-10}$$

式中,$Q_{\max}$ 为一次起爆的最大允许药量(kg);$R$ 为爆破点至保护目标的距离(m);$V$ 为被保护建筑物所在地面允许的质点震动速度(cm/s),对于普通房屋,$V=5$ cm/s;$K_c$ 为与传播爆破震波的介质有关的系数,土壤取 200,岩石取 30~70;$a$ 为爆破震动衰减指数,近距离取 2,远距离取 1,一般取 1.5。

**5. 起爆线路与延期时间间隔**

对于外部装药爆破,装药个数较少,可采用电点火串联线路或导爆管网路;对于药孔爆破,应采用电点火混联(串并联)网路或导爆管网路。

延期时间间隔通常为毫秒级,一般选用高段毫秒延期雷管或半秒延期雷管。由于承重墙结构自重大、整体性差、易解体坍塌,爆破时总的延期时间不宜过长,一般应控制在 2~3 秒以内。

无特殊要求,且环境条件较好,总药量不超过一次起爆最大允许药量时,也可将全部装药同时起爆。

# 第二节 爆破法破堤分洪

## 一、爆破分洪的特点

爆破分洪是在非常情况下,紧急采取的在堤坝上利用炸药爆炸形成泄洪口,从而实现分洪、蓄洪的措施,其作业具有以下特点。

(1) 分洪任务紧急,要求在很短的时间内做好爆破准备。因此,必须预先做好人员组织和器材准备,根据预先计划的堤坝爆破地点的地质、地形情况,破堤(坝)长度和深度,事先拟定爆破方案。施工时,必须在保证质量的前提下,加快作业速度,迅速完成爆破准备,确保准时起爆。

(2) 分洪堤段通常是土堤,堤坝外水位很高,局部位置甚至有漫堤的可能,堤坝还可能有渗水现象,且爆破分洪时大多为阴雨天气。因此人工开设药洞时,应尽量采用防水炸药。装药时,必须对炸药采取防水措施。

(3) 爆破分洪堤段,开挖药洞后,堤身强度降低,必须迅速做好爆破准备,作业人员应尽快撤离至安全地点,待命起爆。

(4) 由于大气和水文情况变化大,在实施炸堤分洪过程中,可能暂停或取消炸堤行动,因此必须做好能快速撤收起爆线路、取出炸药雷管的准备。

## 二、爆破分洪的方案设计

**1. 爆破参数的确定**

爆破炸坝形成的泄洪口的长度 $L$、深度 $P$,由防汛指挥部确定。确定爆破参数时必须以此为依据,使爆破效果符合预定的长度和深度要求。

(1) 装药种类

为了减少药洞的开挖时间,加快作业速度,同时考虑节省炸药,通常采用加强抛掷爆破方法,并取爆破作用指数 $n=2$。

(2) 最小抵抗线 $W$

依据要求的炸堤深度,最小抵抗线按下式计算:$W=P/1.4$。

(3) 装药间距 $a$

装药间距 $a$ 通常按下式计算:$a=2W$。

(4) 装药的列距 $b$

装药列距 $b$ 与装药的间距相同,即 $b=a$。

(5) 一列装药的个数 $N$

一列装药的个数 $N$ 依据炸堤的长度 $L_c$ 和装药间距 $a$ 计算得到:$N=L_c/a$。

(6) 装药的列数 $m$

装药的列数 $m$ 依据堤顶宽 $B$ 和列距 $b$ 计算得到:$m=B/b$。

(7) 单个装药量 $Q$

单个装药量 $Q$ 可按下式计算:

$$Q=13.2AW^3 \tag{6-11}$$

式中,$Q$ 为药量(kg);$A$ 为土壤抗力系数,砂质黏土 $A$ 取 0.7~0.9,密实黏土 $A$

取 0.98~1；$W$ 为最小抵抗线（m）。

（8）总装药量 $Q_总$

总装药量按下式计算：$Q_总 = Q \times N \times m$。

（9）安全距离 $R_f$

爆破分洪时，主要以个别土石飞散的最大距离 $R_f$ 为依据来确定安全距离，其值按下式计算：$R_f = 160W$。

**2. 起爆线路设计**

（1）起爆线路的基本要求

爆破分洪时，必须保证装药能可靠起爆，做到一声令下，准确起爆，并保证破堤的效果。起爆线路必须符合下列要求。

① 全部装药同时起爆。通常采用瞬发电雷管、导爆索（端部连接火雷管）或同系列、同段别导爆管雷管起爆装药。

② 线路形式简单，以便于连接和检查。

③ 应有两套起爆线路，其中一条为主起爆线路，另一条为副起爆线路。通常以电起爆线路为主起爆线路，导爆索线路为副起爆线路；或以电起爆线路为主起爆线路，导爆管线路为副起爆线路。

（2）起爆线路的设计

① 起爆电源选择

起爆电源有便携式起爆器、交流电源、蓄电池、干电池等多种，在爆破分洪时，炸堤点附近一般无交流电源可供利用，蓄电池和干电池需要量大，携带不便，且计算较复杂，因而应尽量选用便携式起爆器。

② 线路形式选择

根据选用的起爆电源，确定线路形式。采用起爆器起爆时，一般采用串联线路。串联线路形式连接简单，便于检查。

③ 线路的连接

先将电雷管固定在起爆体（TNT 药块或硝铵炸药、乳化炸药药卷）中，然后将起爆体放置在主装药的中央，并用防水包皮捆包，雷管脚线从装药中引出，如果药洞较深，应用导电线将脚线接长并用胶布包缠接续部，使导电线（支线）引出药洞外，并能与相邻装药的导电线（支线）连接。为了防止装药和填塞时将雷管脚线捣断,最好将脚线剪短后用两根导电线替代,并将接续部绝缘后固定于装药内。此时,每根导电线的长度应为装药间距 $a$ 的一半加上药洞深度 $L$,再增加10%的松弛度,即 $(a/2+L)\times 1.1$。线路的连接方式根据装药的配置情况确定,装药为一列、二列和三列时,线路的连接方式如图6-7至图6-9所示。

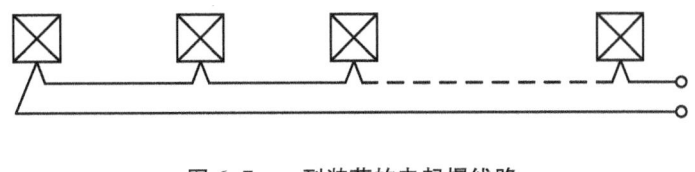

图 6-7　一列装药的电起爆线路

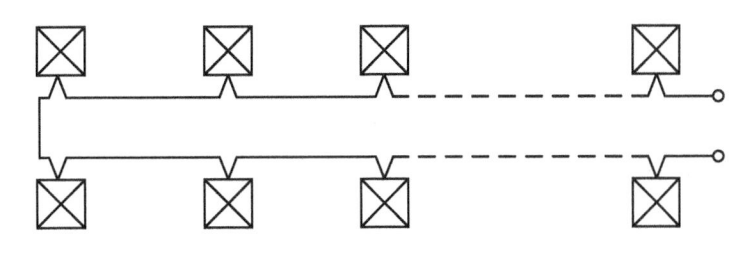

图 6-8　二列装药的电起爆线路

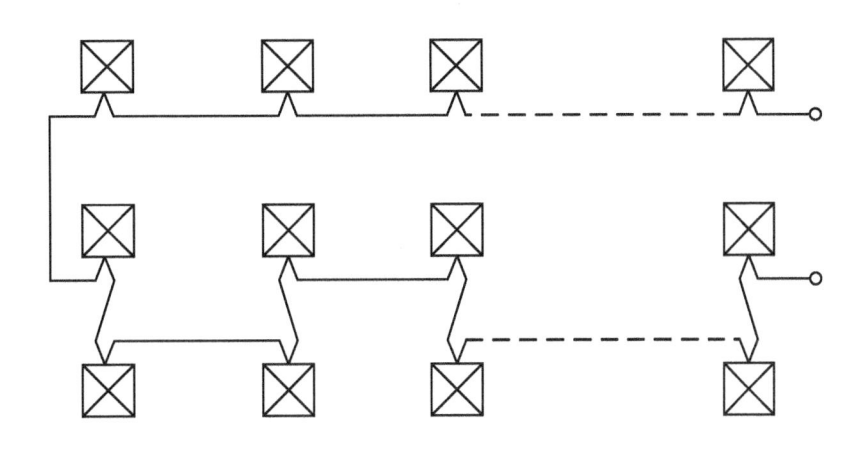

图 6-9　三列装药的电起爆线路

点火站应设在便于人员撤离方向的安全距离以外的适当位置。如点火站设在舟船上,舟船应向下游方向撤离,撤离到安全距离外时再起爆装药。

如需要降低爆破震动,确保邻近堤段的安全,可采用分段微差起爆技术,用毫秒延期电雷管或导爆管雷管起爆装药,延期时间间隔应控制在25毫秒以内;

如在同一蓄洪区爆破2个以上泄洪口,则应逐个对泄洪口进行爆破。

(3) 导爆索线路设计

① 线路的形式

配置一列装药时,采用串联导爆索线路,如图6-10所示。配置二列或三列装药时,采用混联导爆索线路,如图6-11和图6-12所示。

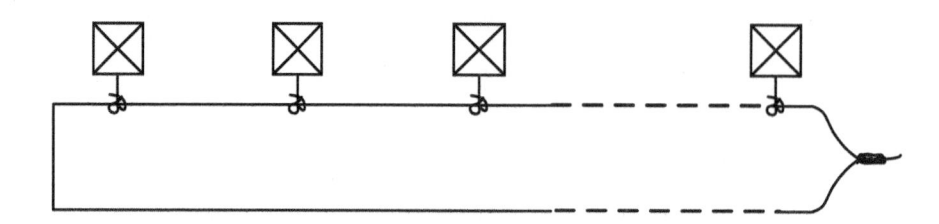

图6-10 一列装药的导爆索线路形式

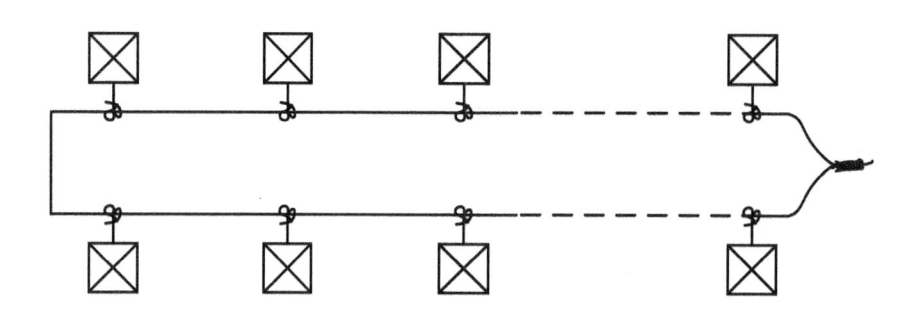

图6-11 二列装药的导爆索线路形式

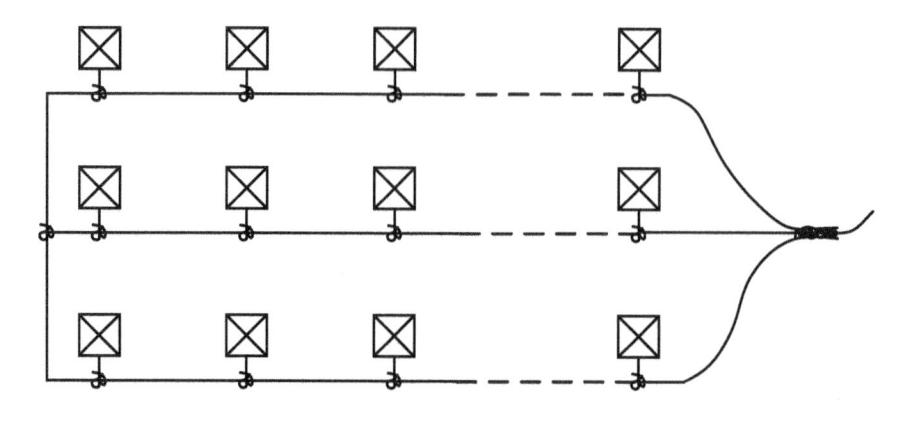

图6-12 三列装药的导爆索线路形式

② 导爆索线路的连接

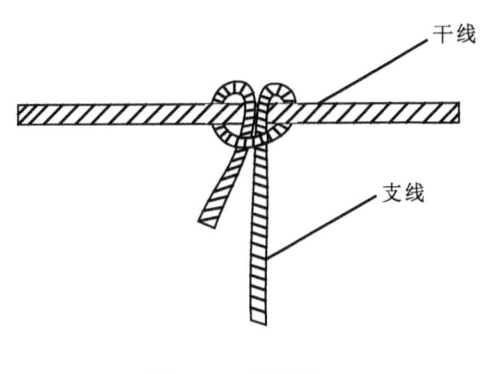

导爆索支线的长度一般为药洞深度 $L$ 加上 30 cm。切取导爆索支线后,先在导爆索的一端固定 1 发火雷管,然后将火雷管固定在起爆体上,最后将起爆体固定在主装药中央,并用防水包皮捆包。导爆索支线另一端引出药洞外,并与导爆索干线用云雀结连接,如图 6-13 所示。

图 6-13 云雀结

为保证导爆索可靠起爆,应将串联和混联导爆索线路闭合起来。在导爆索线路靠近点火站的一端,固定 1~2 发电雷管,然后将电雷管串联到主电起爆线路上,也可固定 1~2 个点火管,导火索长度以点火手点火后有足够的时间撤离到安全地点为准。

(4) 导爆管线路设计

为保证所有装药同时起爆,应选择同厂、同批、同系列的导爆管雷管,且尽量选用低段毫秒导爆管雷管,并根据装药的分布情况及设置深度,可选用长度为 5 m、10 m、15 m 或 20 m 的导爆管,以便于连接。根据装药的配置情况宜采用并联形式,按区域将数个或十几个装药的导爆管并在一起,并反向连接 1~2 发导爆管雷管接力传爆。考虑到便于连接,一处起爆导爆管的根数最多不应超过 20 根;然后将接力传爆的导爆管并接起来,并反向固定 1~2 发电雷管;最后将电雷管串联在电起爆线路上,如图 6-14 所示。电起爆线路出现故障时,也可反向固

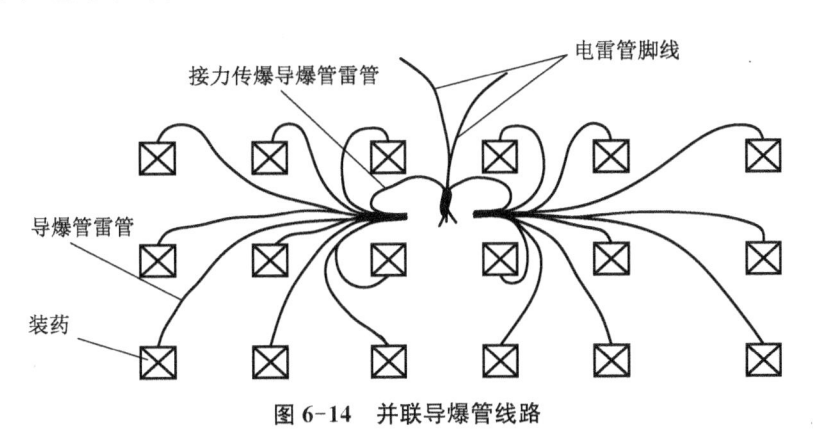

图 6-14 并联导爆管线路

定 1～2 个点火管,用拉火管等点火器材点燃点火管起爆导爆管线路。

### 三、爆破施工组织程序

**1. 作业编组与任务区分**

实施爆破分洪所需人数根据工程量的大小及时间的急缓确定。作业时通常编成药洞开设组、装药设置组和线路敷设组,各组所需人数及任务区分如下。

(1) 药洞开设组

药洞开设组的人数根据装药的个数及药洞的开挖深度确定,通常每个药洞需 1～2 人。其主要任务如下:

① 标定装药位置;

② 开挖药洞;

③ 协助装药设置组进行装药和填塞。

(2) 装药设置组

装药设置组的人数根据装药个数、炸药运送距离确定。炸药保障到作业地点时每 200 kg 炸药需 1 人,炸药存放地点距作业地点较远时,每 100 kg 炸药需 1 人。其主要任务如下:

① 制作起爆体;

② 运送炸药到每个药洞位置;

③ 捆包和设置装药;

④ 填塞。

(3) 线路敷设组

线路敷设组通常需 4～6 人。其主要任务如下:

① 测量并选择电雷管;

② 敷设主、副起爆线路;

③ 确定点火站位置,敷设干线;

④ 导通和维护起爆线路,点火起爆。

**2. 器材准备**

实施炸堤分洪作业前,必须做好周到细致的器材准备,做到数量足够、质量良好。

(1) 炸药火具的准备

炸药应尽量选用防水性能良好的,可选用未超过储存期的乳化炸药或块状 TNT 炸药。炸药的数量按 $Q_总=Q\times N\times m$ 计算,并增加 10%~25% 的预备量。起爆体最好用 200 g 或 400 g TNT 药块,炸药的块数 $=2N\times m$。

如果运输车辆不能到达作业地点,应提前将炸药运送至作业点附近存放。电雷管应尽量选用 8 号铜壳铜脚线瞬发电雷管,所需数量按 $N\times m$ 计算。火雷管选用 8 号铜壳雷管,数量按 $N\times m$ 计算。配置一列装药时,导爆索数量按总长度 $=$[泄洪口长度 $L_c\times 2+$(药洞深度 $L+0.3$)$\times$装药个数 $N$]$\times 1.15$ 计算。配置二列以上装药时,导爆索数量按总长度 $=$[泄洪口长度 $L_c\times$装药列数 $m+$(药洞深度 $L+0.3$)$\times$装药个数 $N\times m$]$\times 1.15$ 计算,如采用导爆管起爆线路,应尽量选用 ms1 段或 ms2 段导爆管雷管,其数量按 $2.1\times N\times m$ 计算。电雷管、火雷管和导爆管雷管应增加 50% 的预备量。导火索准备 1 卷(50 m),拉火管准备 1 盒(25 发)。采用药壶法爆破时,还应增加 $2\times L\times N\times m$ 长的导爆索和 $N\times m$ 枚拉火管。火雷管、电雷管、导爆管雷管、导爆索、导火索和拉火管派专车运送到现场。

(2) 导电线的准备

干线应选用双芯聚氯乙烯绝缘软线,每米电阻不应超过 0.1 Ω。其长度根据点火站到装药位置的距离确定,但不得少于土石飞散安全距离($R_f=160W$)。支线采用单芯导电线,其根数等于装药个数乘以 2(即 $2\times N\times m$),每根支线长度按 $L_支=(L+a/2)\times 1.15$ 计算。对于干线和支线还应增加 25%~50% 的预备量。导电线应进行断路和短路检查,并缠绕于线拐上,以便延放和撤收。

(3) 工具器材的准备

开挖药洞的工具主要有圆锹、洛阳铲等,每 2 个药洞应有 1 把圆锹和 1 把洛阳铲。采用药壶法爆破时,应准备 8 磅大锤 $N\times m/8$ 把,1.2 m 和 2.5 m 长钢钎各 $N\times m/8$ 根,垫圈 $2\times N\times m$ 个。

每处点火站应有点火机和欧姆表各 2 部,此外还需雷管钳 4 把、皮尺 1 个、钢卷尺 2 个、电工刀 2 把。塑料布、麻绳、胶布等消耗材料根据需要准备。

**3. 施工程序及作业方法**

爆破分洪的施工程序参照图 6-15。

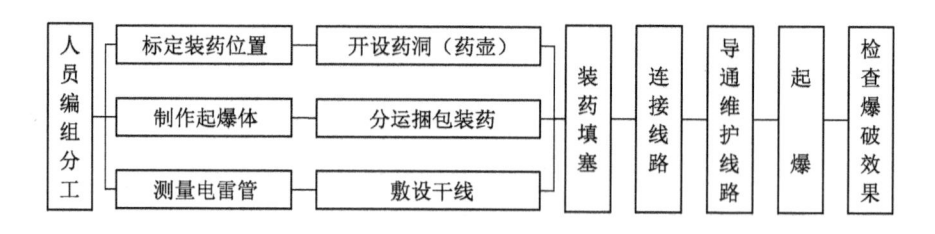

图 6-15 施工程序示意图

（1）标定装药位置

先在指定的爆破分洪堤段的堤顶面上沿纵向标定出中心线，然后根据装药的间距 $a$ 和列距 $b$ 标定出各装药的位置，装药位置可用小红旗或小木桩标示，也可用圆锹挖出药洞口部的轮廓。

（2）开挖药洞

药洞的横截面为正方形或圆形，开挖正方形截面药洞时，药洞底部的边长 $e$ 按下式计算：

$$e = 1.3(Q/\rho)^{1/3} \tag{6-12}$$

式中，$e$ 为药洞的底部边长（cm）；$Q$ 为单个装药量（g）；$\rho$ 为装药的密度（g/cm³），二号岩石硝铵炸药 $\rho = 0.95 \sim 1.10$ g/cm³，乳化炸药 $\rho = 1.13 \sim 1.18$ g/cm³，片状 TNT 炸药 $\rho = 0.75 \sim 0.85$ g/cm³，块状 TNT 炸药 $\rho = 1.6$ g/cm³。

药洞口部边长可略大于底部边长，但不能将口部挖得太大，否则难以保证填塞质量和爆破效果。

开挖药洞时，口部至 1 m 深处，可用圆锹开挖；超过 1 m 后，可用洛阳铲和长柄挖勺开挖。挖出的泥土堆于洞口附近，以便填塞时用。药洞的深度 $L$ 等于最小抵抗线 $W$ 加上装药高度的一半。

如堤坝为压缩性良好的黏土或砂质黏土，且无渗水时，可采用药壶法爆破。药壶的开设方法如下。

① 钻孔。用改制的头部带凸榫并可套垫圈的钢钎和大锤钻出 1 个深略大于最小抵抗线 $W$、直径为 38～40 mm 的药孔。

② 计算扩壶装药量，扩壶药量按公式 $Q_{扩} = 0.005\sqrt[3]{Q}$ 计算。式中 $Q$ 为预计装入药壶的装药量。

③ 制作扩壶装药。将 2～3 根长约等于孔深的导爆索捆扎在一根拉直的 8#

或 10# 铁丝上,其中 1 根导爆索一端固定 1 发雷管,插入并固定在扩壶药卷上。扩孔导爆索的另一端固定 1 个点火管。

④ 扩壶。将扩壶药插入药孔底部。起爆后,清理孔口的土块即成。

药孔直径较小,不能插入药卷,且孔内无水时,可将扩壶药揉碎后倒入孔底,再插入扩孔导爆索,使端部的火雷管插入扩壶药内,最后点火起爆。也可先用导爆索扩孔,再扩壶。

(3) 制作起爆体

每个装药应设置两个起爆体,起爆体通常用 1 块或数块 200 g 或 400 g TNT 药块做好。在一个起爆体的雷管孔中固定 1 发电雷管,在另一个起爆体的雷管孔中固定 1 根接续有雷管的导爆索支线,或固定 1 发导爆管雷管。

(4) 捆包装药

先剪取一定长度的筒状塑料布,将一端拧转扎紧后成袋状;然后将计算出的炸药的一半整包地装入塑料袋中,放入 2 个起爆体;再将剩余的炸药装入袋中,并堆放整齐密实;最后将雷管脚线(导电线)和导爆索或导爆管引出袋外,拧转并扎紧袋口,十字交叉捆扎一道麻绳,并系一根长约等于药洞深度的系留绳,以便吊放装药。采用药壶法爆破时,不需捆包装药。

(5) 设置装药与填塞

先利用系留绳将装药吊放入药洞底部,将雷管脚线(导电线)和导爆索或导爆管引出洞外固定,防止掉入药洞内。然后用土填塞,填一层,捣实一层,捣实时先轻后重,并注意不要伤及脚线(导电线)和导爆索(导爆管)。填塞至与原堤顶面平齐时即可。

采用药壶法爆破时,先将装药的一半装入药壶,轻轻压实。再放入起爆体,然后装入剩余的另一半炸药,最后逐层填塞捣实。

(6) 连接线路

连接线路通常在装填装药后进行。装填完毕时,除线路连接组继续作业外,其余作业人员应撤离现场。主副起爆线路的支线连接完毕后,留 1 名作业手待命将干、支线接续起来,其余作业手迅速撤离至点火站。接通干支线、人员全部撤离危险区后,进行线路总导通。

(7) 检查维护线路和起爆

爆破准备完毕后,现场指挥员应及时向防汛指挥部报告。在待命起爆过程中,应经常导通检查线路,发现故障及时排除,使线路始终保护良好状态。指挥部下达炸堤命令后,立即起爆。起爆后,现场指挥员应迅速检查爆破效果,并向指挥部报告。

### 四、液体炸药条形装药预埋管道爆破分洪

传统的破堤方案一般是临时开挖药室或在事先布置的药室内设置固体炸药(TNT 或硝铵类炸药等)进行爆破,主要缺点是作业时间长,未经详细设计计算,仓促爆破效果难以保证。原解放军工程兵工程学院与黄河管理委员会、河南省防汛防旱指挥部、原解放军第五十四集团军一起,发明了"预埋管道、爆破时灌注 SJY 液体炸药的条形装药快速破堤分洪"的爆破技术,并经过实爆试验,证明该技术是一种器材简单、作业迅速、起爆可靠、破堤时机易于把握、爆破效果良好的破堤分洪新技术。

该技术介绍的工程案例,其爆破参数设计、安全计算等公式具有普遍意义,不仅适于液体炸药,亦适于普通的固体炸药条形装药的爆破。

**1. 工程要求**

黄河某处河岸堤顶宽 9 m、临河堤高 6 m、堤坡 1∶3.3、背河堤高 8 m、堤坡 1∶2.5。堤体为砂壤土。分洪时设计进水口门宽 300 m、深 5.0 m。接到上游出现洪峰通知后,要求在 8 小时内完成爆破准备,待命起爆。

**2. 爆破设计**

(1) 总体规划

考虑到紧急破堤时分洪水流对爆破口门有冲刷扩展作用,将口门分为两个爆破段,两个段相距 150 m,每段爆破 10 m,预计每段爆后缺口为 15 m 以上。这样做既能达到分洪目的,又能缩短爆破作业准备时间,不但节省炸药,而且减轻了对保留堤段的影响。调查得知,该堤段以往破口冲刷纪录为每小时可冲刷拓宽 19 m(流量 1 280 m³/s)至 53.6 m(流量 2 500 m³/s)。按每小时拓宽 15 m 计算,预计爆后 10 小时内即可冲刷拓宽到 300 m。

(2) 药包布置

为确保临水侧爆破效果,以距土堤边缘 1 m 处作为基线,从堤的两侧沿堤坝纵向布药。堤顶部分设置 2 条长 10 m 的条形药包($W_1$=4.0 m, $n_2$=1.4),两侧

堤肩各设置 2 条长 10 m 的条形药包($W_2=2.5$ m,$n_2=2.0$,$W_3=2.0$ m,$n_3=2.0$),总共 6 个条形药包,如图 6-16 所示。相同条形药包间距按 $nW$ 控制,不同条形药包间距按 $nW$ 平均值控制。经核算,爆后装药间土堤消除,过水深度可达 5 m 以上。

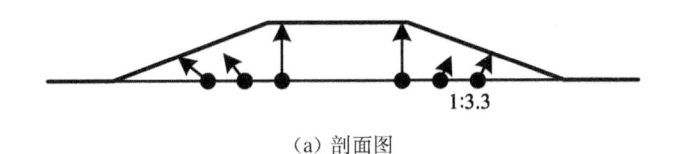

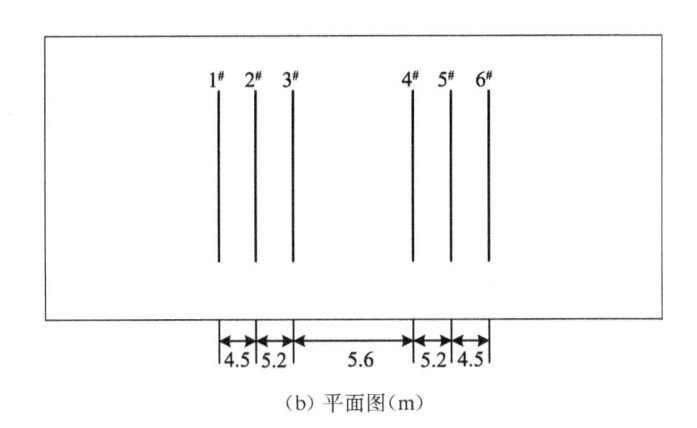

(a) 剖面图

(b) 平面图(m)

图 6-16 破堤分洪爆破方案

(3) 爆破参数

单位长度装药量计算公式为

$$C_y = KW^2(0.4+0.6n^3) \tag{6-13}$$

式中,$C_y$ 为单位长度条形药包重量(kg/m);$K$ 为介质单耗(kg/m³),按当地试验资料取 1.2;$W$ 为最小抵抗线(m),根据土堤断面和破堤要求选取;$n$ 为爆破作用指数,为加大爆坑、减少装药条数,取 $n=1.4\sim2.0$。

① 药包直径计算公式为

$$d = (4C_y/\pi\rho)^{1/2} \tag{6-14}$$

式中,$\rho$ 为装药密度,液体炸药取 1.3 g/cm³;$d$ 为药包直径(cm)。

据此,可以计算出合适的管道直径。

② 漏斗孔半径 $r=nW$，式中符号意义同上。

③ 爆坑深度 $p=W+5d$，式中的 $5d$ 是按条形药包爆后压缩圈为装药半径的 10 倍经验值估算的。

④ 总药量

每个管道(条形药包)按 10 m 长度计算。各个药包计算结果见表 6-5。单个口门用药量为 2 100 kg，总药量(2 个口门)为 4 200 kg。

表 6-5  各个药包的计算结果

| 药包编号 | 1 | 2 | 3 | 4 | 5 | 6 |
| --- | --- | --- | --- | --- | --- | --- |
| $W$ (m) | 2.0 | 2.5 | 4.0 | 4.0 | 2.5 | 2.0 |
| $n$ | 2.0 | 2.0 | 1.4 | 1.4 | 2.0 | 2.0 |
| $C_r$ (kg/m) | 2.5 | 39 | 41 | 41 | 39 | 25 |
| $D$ (cm) | 18 | 22 | 22 | 22 | 22 | 18 |
| $C$ (kg) | 250 | 390 | 410 | 410 | 390 | 250 |
| $r$ (m) | 4.0 | 5.0 | 5.6 | 5.6 | 5.0 | 4.0 |
| $p$ (m) | 2.8 | 3.6 | 5.1 | 5.1 | 3.6 | 2.8 |

(4) 安全距离

① 爆破震动

$$R_c = K_c \cdot \alpha \cdot C^{1/3} \qquad (6-15)$$

式中，$K_c$ 为根据地基土质确定的系数，取 8；$\alpha$ 为根据爆破作用指数确定的系数，取 0.8；$C$ 为一次齐爆的总药量，本例为 2 100 kg。

代入上式计算，得 $R_c = 82$ m。

② 爆炸冲击波

$$R_K = K_K C^{1/2} \qquad (6-16)$$

式中，$K_K$ 为按爆破作用指数选取的系数，取 5；代入式(6-16)中计算得到人员安全距离 $R_K = 230$ m。

③ 个别土块飞散

$$R_f = 20 K_f \cdot n^2 \cdot W \qquad (6-17)$$

式中，$K_f$ 为安全系数，取 1.5；代入式(6-17)中计算得到个别土块飞散距离 $R_f = 480$ m。

综上所述,根据实际地形,起爆站和警戒距离分别设在距离爆破点 500 m 以外。

为了确保上述液体炸药条形装药预埋管道爆破分洪技术的可靠性,在与预埋地点条件类似的某处废堤进行了小型实爆试验。试验设计爆破口门宽度 7 m,采用长 5 m、直径 100 mm 的塑料管装满 SJY 高爆液体炸药。

**3. 实爆试验结论**

实爆试验得出以下结论。

(1) 试验爆破口门宽度达到或超过设计值。

(2) SJY 液体炸药性能符合设计要求,所采用的起爆体、起爆网络能保证全部炸药准爆。爆破器材和起爆技术是可靠的,能够用于实际工程。

(3) 预设管道条件下,按照试验的作业速度,对人员稍加训练。实际破口分洪时从接到命令开始,能保证 8 小时内完成爆破准备。

(4) 在管道内灌注炸药后,如水情退落,还可设法自管道内抽出液体炸药。

## 第三节　爆破法破冰防凌

用爆破法破冰效果较好,是一种常用的破冰方法。按爆破对象的不同,可分为冰盖爆破、流冰爆破和冰坝爆破。

### 一、冰盖的爆破

爆破冰盖,一般采用集团装药,实施水下爆破;也可在冰面上设置集团装药或直列装药,将冰层炸碎。但在冰面上爆破所需装药量增多,爆破效果降低。当冰层厚度在 1 m 以上时,也可在冰层内开设药洞实施爆破。

**1. 药洞的开设**

药洞(用于装药的冰洞)通常用冰穿、铁链、钢钎和电锯等工具开设,也可用小药块连续爆破构成。药洞的大小以能放入足够的药量及便于装药作业为准。

药洞的深度根据冰层厚度及装药的设置深度而定:冰层厚度较小,装药设置于冰盖下的水中时,药洞应穿透冰层;冰层厚度大于 1 m,装药设置于冰层内时,药洞深度可取冰层厚度的3/4~4/5。开设药洞时,应在药洞周围铺垫砂土、草袋、木板,或用冰穿将附近冰面捣成麻面,以保证作业人员安全。

**2. 装药的设置**

将装药设置于水中实施爆破时,应对装药采取严密的防水措施,将装药系在绳索上或固定在木杆上,然后放入冰盖下的水中,并固定在横放于药洞口部的木杆(竹竿)上。

设置多个装药时,应相对配置,装药的间距和列距均取装药设置深度的4~5倍。全部装药用导爆索或电雷管同时起爆。当用密封性能较好、具有一定防水性能的防坦克地雷爆破冰盖时,地雷应设置在水中,深度为1.5 m左右,地雷的间距为6~9 m。对其中的一枚地雷(初发雷)用电雷管起爆,先在雷盖上钻一个小孔,以便引出电雷管脚线,也可用电雷管起爆固定在雷盖上的TNT药块来诱爆地雷。其余地雷(次发雷)安装瞬发引信,由初发雷诱爆。

**3. 装药量的确定**

爆破冰盖时,单个装药量根据冰层厚度 $H$ 和装药设置深度确定,见表6-6,也可按下列方法计算。

表6-6 爆破冰所需装药量

| 冰层厚度 $H$(m) | 装药设置深度(m) ||| 说明 |
|---|---|---|---|---|
| | 1.0 | 1.5 | 2.0 | |
| 0.2~0.3 | 1.0 | 2.0 | 4.0 | |
| 0.3~0.4 | 1.5 | 2.6 | 4.0 | |
| 0.4~0.5 | 2.2 | 3.2 | 5.4 | |
| 0.5~0.6 | 2.6 | 3.8 | 5.8 | |
| 0.6~0.7 | 3.2 | 4.2 | 6.4 | |
| 0.7~0.8 | 3.8 | 4.6 | 6.8 | 1. 单个装药爆炸后,破冰直径为装药设置深度的4倍; |
| 0.8~0.9 | 4.2 | 5.4 | 7.3 | |
| 0.9~1.0 | 4.6 | 5.8 | 7.8 | |
| 1.0~1.1 | 5.4 | 6.4 | 8.4 | 2. 所用炸药为TNT炸药。 |
| 1.1~1.2 | 6.0 | 6.8 | 8.8 | |
| 1.2~1.3 | 6.6 | 7.4 | 9.4 | |
| 1.3~1.4 | 7.2 | 8.0 | 10.0 | |
| 1.4~1.5 | 7.8 | 8.6 | 10.6 | |
| 1.5~1.6 | 8.4 | 9.2 | 11.2 | |

当冰层厚度 $H<0.5\,\mathrm{m}$ 时：

$$Q=K_1S \tag{6-18}$$

当 $H=1.0\sim1.5\,\mathrm{m}$ 时：

$$Q=K_2S \tag{6-19}$$

式中，$Q$ 为单个装药量(kg)；$K_1$ 为单位面积用药量，$K_1=0.075\,\mathrm{kg/m^2}$；$K_2$ 为单位面积用药量，$K_2=0.24\,\mathrm{kg/m^2}$；$S$ 为每个装药爆破冰盖的面积($\mathrm{m^2}$)。

## 二、爆破法开设流冰路

为使江河上游解冻的流冰顺利流向下游，避免流冰阻塞河道、冲坏桥梁，可于解冻前在桥梁附近开设流冰路。爆破法开设流冰路的方法如下。

(1) 围绕所有桥脚将冰盖捣碎穿透，形成宽度不小于 0.5 m 的小沟，以保护桥脚。

(2) 在流冰路下游边缘开设一条小沟，其长度不小于流冰路的宽度，以保持下游冰盖的完整，便于作业手站在冰面上处理冰块。

(3) 确定流冰路的长度和宽度。流冰路的宽应等于江河宽度的 1/4～1/3，长度应不小于江河宽度的 3 倍。其中在桥梁上游部分的长度不小于江河宽度的 2 倍，下游部分的长度不小于江河宽度。

(4) 确定装药的设置深度。装药的设置深度以 1～2 m 为宜。设置深度较小时，单个装药量较少，所需装药个数较多。设置深度较大时，单个装药量较大，所需装药个数较少。

(5) 标定装药位置。先标定流冰路的轮廓线，然后平行于桥梁曲线标定多列装药，装药的间距和列距均取装药设置深度的 4～5 倍。距桥梁 15 m 以内不设置装药。

(6) 开设药洞。

(7) 设置装药。先根据冰层厚度和装药设置深度按表 6-6 或式(6-18)、式(6-19)确定装药量，然后捆包装药并安放起爆体，最后将装药放入药洞内并加以固定。

(8) 起爆装药。从下游最后的一列开始，逐次向上游爆破。

（9）装药爆炸后，如桥脚附近的冰盖没有破碎，应用人工捣碎。爆破后形成的大冰块，用捞钩或带钩的绳索将其塞入流冰路下游的冰盖下。

（10）在建筑物附近 0.5 m 以内的冰层，只允许用人工方法破碎。

构筑冰路的爆破参数，可参考表 6-7。

在浆砌片石和混凝土桥墩附近炸冰时，为保护桥墩，其安全距离可按表 6-8 确定。

表 6-7 构筑冰路的爆破参数

| 冰层厚度<br>(m) | 药包在冰面<br>下深度(m) | 药包重量<br>(kg) | 药包间距<br>和列距(m) |
|---|---|---|---|
| 0.2～0.3 | 0.75 | 0.5 | 3.8 |
| 0.3～0.4 | 1.0 | 1.0 | 5.0 |
| 0.4～0.5 | 1.25 | 1.5 | 6.3 |
| 0.5～0.6 | 1.5 | 3.0 | 7.5 |
| 0.6～0.7 | 1.75 | 4.5 | 8.8 |
| 0.7～0.8 | 2.0 | 7.0 | 10.0 |
| 0.8～0.9 | 2.3 | 9.5 | 11.3 |
| 0.9～1.0 | 2.5 | 13.5 | 12.3 |
| 1.0～1.1 | 2.8 | 16.0 | 13.3 |
| 1.1～1.2 | 3.0 | 23.0 | 15.0 |

表 6-8 冰下爆破距桥墩的安全距离

| 药包重量(kg) | 0.3 | 0.5 | 1.0 | 3 | 5 | 10 | 15 | 20 | 25 |
|---|---|---|---|---|---|---|---|---|---|
| 安全距离(m) | 6 | 8 | 10 | 15 | 18 | 22 | 25 | 28 | 30 |

## 三、流冰的爆破

冰河开冻时，开裂的冰块将随水下流形成流冰。它们常常会损坏下游的水工建筑物，或阻断水流造成水灾，为此，用爆破法破冰是一种行之有效的将灾害防患于未然的方法。常用的破碎流冰的方法有三种。

（1）裸露药包法。这是一种直接把药包投掷到冰面上的爆破方法，一般应在水工建筑物上游 3 km 处进行。裸露药包破冰的爆破参数见表 6-9。

表 6-9　裸露药包破碎流冰的参数

| 流冰厚度(m) | 药包重量(kg) | 药包间距(m) | 流冰厚度(m) | 药包重量(kg) | 药包间距(m) |
|---|---|---|---|---|---|
| 0.3 | 1.2 | 7 | 0.7 | 3.3 | 17 |
| 0.4 | 1.6 | 9 | 0.8 | 3.7 | 19 |
| 0.5 | 2.0 | 12 | 0.9 | 4.5 | 22 |
| 0.6 | 2.4 | 15 | 1.0 | 5.0 | 23 |

（2）冰下药包法。流冰面积较大且受阻滞流时，可在冰上作业进行冰下爆破，通常在冰上采用冰穿、铁锹、钢钎穿孔，或用小包炸药连续爆破开挖吊放炸药包的冰洞。放在冰层下面进行破冰的药包，需做好防水措施，并系在绳索或木杆上，通过冰洞放入层下一定深度进行爆破，如图 6-17 所示。表 6-10 是历年黄河破冰的统计资料。

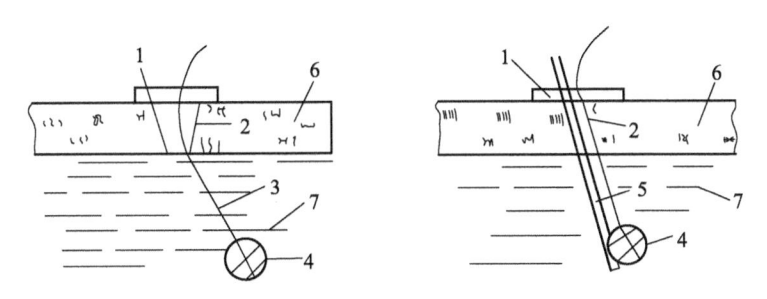

1. 横梁；2. 小圆洞；3. 绳索；4. 药包；5. 木杆；6. 冰；7. 水

图 6-17　冰下药包破冰法

表 6-10　黄河破冰资料

| 药包重量(kg) | 冰厚(m) | 药包离冰底面距离(m) | 爆破后的效果 ||
|---|---|---|---|---|
| | | | 破坏直径(m) | 龟裂直径(m) |
| 0.8 | 1.52 | 冰底面 | 1.9 | 8.0 |
| 1.0 | 1.8 | 冰底面 | 3.0 | 15.0 |
| 1.0 | 1.0 | 2.0 | 6.0 | 19.0 |
| 2.0 | 1.0 | 1.9 | 8.0 | 27.6 |
| 3.0 | 1.1 | 1.9 | 10.0 | 26.0 |

续表

| 药包重量（kg） | 冰厚（m） | 药包离冰底面距离(m) | 爆破后的效果 ||
|---|---|---|---|---|
| | | | 破坏直径(m) | 龟裂直径(m) |
| 3.5 | 1.6 | 1.9 | 10.5 | 30.0 |
| 4.5 | 1.8 | 2.8 | 10.0 | 18.0 |
| 8.0 | 1.5 | 2.8 | 12.5 | 34.5 |

(3) 投掷装药爆破法装药量视冰块的大小取 0.2～2 kg 的 TNT 炸药。当河幅较窄时,可从一岸或两岸投掷装药,当河幅较宽、流速小、流冰量不大时,可从船上投掷装药,此时,点火管的导火索长度应以船只能离开危险区为度。

爆破流冰时,可在桥梁或可能形成冰坝处的上游 1～4 km 河段,配置数个爆破组。爆破组应配置在河幅狭窄、河道弯曲、流速小或有浅滩的地方。各组相隔适当距离,当流冰通过各组负责的河段时,将其逐次炸碎。

## 四、冰坝的爆破

爆破冰坝,应在其冻结尚不稳定时进行。通常是在流线部爆破,构成一条宽 20～30 m 的流冰路。配置装药时,应垂直于流线部配置 1～3 列装药,装药的间距和列距均取装药设置深度的 4～5 倍。冰层厚度较小处,装药应设置于冰层下的水中;冰层厚度较大处,装药应设置于冰层内的药洞中。单个装药量视冰层的厚度取 5～25 kg。所有装药应同时起爆。

在河幅较宽、流冰量较多的河段,爆破很大的流冰块或冰坝时,也可采用抛射集团药包爆破法破冰。集团药包的装药量通常为 7～15 kg。装药用麻袋片或帆布捆包 3 层,每层用直径为 0.5 cm 的绳索捆成横 5 道、竖 5 道、拦腰 1 道的药包。每个药包用 1～2 个点火管起爆,在设置作业时固定。抛射药采用硝铵炸药,用牛皮纸、麻袋片或塑料布捆包成长 30 cm 的圆柱形。抛射药量根据集团药包的药量和抛射距离确定,见表 6-11。

表 6-11 抛射药包爆破法有关参数

| 序号 | 抛射药量(g) | 抛射距离(m) | 药包直径(cm) |
|---|---|---|---|
| 1 | 2 100 | 300 | 9.4 |
| 2 | 2 000 | 294 | 9.2 |

续表

| 序号 | 抛射药量(g) | 抛射距离(m) | 药包直径(cm) |
|---|---|---|---|
| 3 | 1 900 | 288 | 9.0 |
| 4 | 1 800 | 282 | 8.8 |
| 5 | 1 700 | 274 | 8.5 |
| 6 | 1 600 | 267 | 8.3 |
| 7 | 1 500 | 258 | 8.0 |
| 8 | 1 400 | 248 | 7.7 |
| 9 | 1 300 | 237 | 7.4 |
| 10 | 1 200 | 224 | 7.2 |
| 11 | 1 100 | 212 | 6.9 |
| 12 | 1 000 | 199 | 6.5 |
| 13 | 900 | 186 | 6.2 |
| 14 | 800 | 172 | 5.8 |
| 15 | 700 | 159 | 5.5 |

注：表列抛射药的抛射距离系装药量为 7 kg 时的试验数值，当装药量为 15 kg 时，抛射距离比表列数值少 10%左右。

抛射坑的形状及各部尺寸见图 6-18。作业方法步骤如下。

经始：选择抛射坑位置并将地面整平，对准目标划出抛射中心线，然后经始出抛射坑的轮廓线。

挖掘：先概略挖出坑形，再按尺寸修整，达到壁直、斜坡面一致、坑底平的要求，然后在抛射坑底后壁挖出药室。

设置抛射药：将捆包好的抛射药水平设置于药室内，抛射药轴线与抛射中心线垂直，并距原地面 40 cm，将点火管或电雷管脚线引出地面。

填土：填土最好取潮湿、黏度大、含砂量少的细土，边填边轻轻压实，填土厚度为 30 cm，培成 50°角的斜坡。当找不到潮湿的黏土时，可在填土和装药之间垫一块厚 2 cm、宽 200 mm、长 250 mm 的木板，以保护炸药包。

设置集团药包：把准备好的药包（宽面）设置在填土的斜坡面上，然后将两个点火管固定在装药上，使点火管与装药平行，导火索长度通常取 5~10 cm。最后将拉火绳的一端系在拉火柄上，另一端系在抛射坑后 50~100 cm 处的木桩上。装药抛出后即可自行拉火。

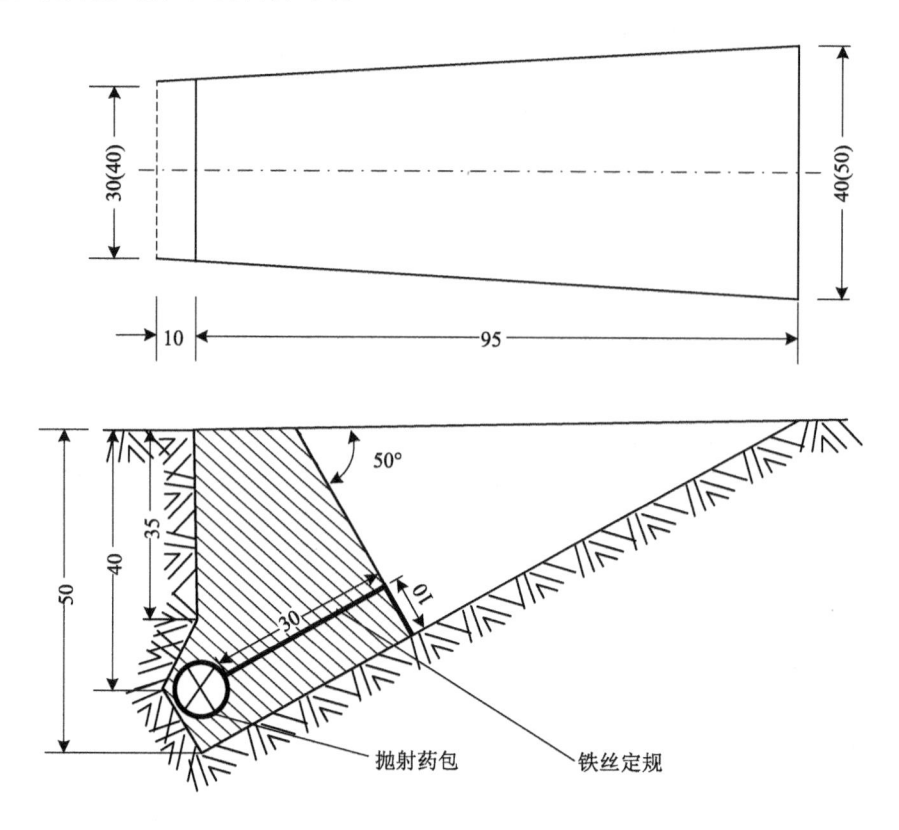

图 6-18 抛射坑的尺寸(单位：cm)

# 第七章
# 山洪泥石流应对措施

## 第一节 山洪的应对措施

### 一、山洪的定义

山洪是指由于暴雨、冰雪融化或拦洪设施溃决等原因,在山区(包括山地、丘陵、岗地)沿河流及溪沟形成的暴涨暴落的洪水及伴随发生的滑坡、崩塌、泥石流的总称。

中国大部分地区以暴雨洪水为主。山洪是山区溪河由暴雨引起的突发性暴涨暴落洪水,洪峰很高,山区地面和河床坡降都较陡,雨后产流、汇流都较快,暴雨山洪过程一般为急剧涨落,因此径流过程短。

山洪具有如下特点:暴雨强度特大、洪水峰流量特大、洪峰水位特高、洪流速度特快、摧毁力量特大、破坏力特大。它往往发生在流域洪水的暴雨中心区,有时也在局部地方(地形雨)。它与平原(大流域)洪水的区别在于如下几点。

(1) 一般平原洪水 24 小时降雨 50 mm 为暴雨,山洪暴雨 24 小时降雨量为 200 mm 以上。

(2) 一般平原洪水单位面积(每平方千米)洪峰流量为 1~2 $m^3/s$,而山洪的洪峰流量达 11~17 $m^3/s$。

(3) 一般平原洪水的洪峰水位超河底地面 5~10 m,而山洪的洪峰水位超地面 10~30 m。

(4) 一般平原洪水的流速 2~3 m/s,而山洪的流速可达 10~17 m/s。

总之,山洪是一种迅猛异常、破坏力极大的洪水。

## 二、山洪灾害

山洪灾害是指由山洪暴发而给人类社会系统所带来的危害,包括溪河洪水泛滥、泥石流、山体滑坡等造成的人员伤亡、财产损失、基础设施毁坏,以及环境资源破坏等。

山洪灾害对社会安定有严重影响。山洪灾害突发性强、危害性大,极难防御,是我国防灾减灾的重点和难点。中华人民共和国成立以来,我国积极防治山洪灾害,尽管采取了一定的措施,取得了一定的效果,但山洪灾害仍然是严重威胁人民生命财产安全的灾害,造成的危害丝毫不亚于平湖区洪涝灾害造成的损失,甚至在人员伤亡、基础设施损毁等方面大大超过平湖区。凡遭受过山洪灾害的地方,人员死伤惨重,房屋倒塌,公路被冲毁,农田被水冲沙压,人民群众起居不安,环境长期难以恢复。具体表现在以下几方面。

一是人员伤亡严重。近几年,我国因水灾而死亡的人员,极大部分是由山洪灾害引起的。1998 年,洞庭湖区发生大洪水,溃决大小堤垸 142 个,死亡 121 人;而湖南山丘区因暴雨山洪诱发山体滑坡、泥石流或房屋倒塌等,造成 214 人死亡,占因灾死亡人数的 63%。1999 年,洞庭湖区发生仅次于 1998 年的大洪水,造成民主垸溃决,尽管财产损失很大,但没有人员伤亡,而山丘区因山洪灾害造成 124 人死亡。山洪灾害造成的严重人员伤亡,有的是集中性的,有的是一家一户被山体滑坡埋盖,有的是一个村庄被山洪流冲走或被泥石流掩埋了。山洪发生时,溪河水位暴涨,水流速度很快(可达 10 m/s 以上)。居住在河岸或低洼地带以及在河道低处劳动、行走、休息的人们,如避让不及,就会被湍急的河水卷走,很难自救,极易发生人员伤亡。图 7-1 和图 7-2 分别为山洪冲积物和山洪淹没村庄的照片。

图 7-1 山洪冲积物

图 7-2 山洪淹没了村庄

山洪常伴有泥石流的发生。当泥石流发生时,特别是在夜晚和黎明,水流夹杂着大量的沙、石、泥土,突然从山坡的高处直泄而下,所经之处的人、畜躲避不及时,就会被泥石流掩埋而造成伤亡。

二是基础设施毁坏严重。山洪灾害由于突发性强,冲击强度大,因而对交通、电力、通信、水利等基础设施造成十分严重的损坏。2006年7月15日,湖南郴州山洪造成京广铁路和京珠高速公路中断,严重影响国计民生。

三是山洪使农、林、牧、副各业减产,严重影响群众生计。山洪暴发常常冲毁山塘、水库、涵闸、沟渠及泵站等农业水利基础设施,造成排灌系统瘫痪、水库枯竭,严重影响养殖业生产;山洪还常常冲毁农田,使农作物受淹浸,造成农作物大量减产甚至绝收,并对农业资源造成难以恢复或不可逆转的破坏。此外,山洪还可能对生态环境造成大面积毁坏。

四是城镇进水受淹,影响经济建设。山丘区城镇一般都是建在河道、溪流两岸,城镇防洪标准低,山洪出现时水位急剧上涨,极易造成城镇进水受淹。1998年,湖南省山丘区县级以上城镇进水14个,1999年又有5个县级以上城镇进水受淹,其中郴州市城区进水受淹,高水位时市区水淹面积达一半以上,最大淹没水深达8.7 m。2001年,邵阳市洞口县和永州市道县两座县城和怀化、邵阳两市31个乡镇进水受淹,城镇的通信、电力等公共设施和居民的房屋、财产等遭受严重损失。山丘区及欠发达地区乡级集镇是带动当地经济发展的中心,集镇进水,乡镇企业受淹,给当地本来不发达的经济带来毁灭性的打击。

五是山洪影响社会稳定。山洪冲塌城乡房屋,造成大量生活设施和物资损坏,使居民财产遭受重大损失;此外,还常使大量灾民流离失所,给社会带来不稳定因素。不仅如此,防汛抢险救灾和灾后恢复等不仅花费巨大,而且严重影响社会正常生产、生活。

总之,山洪灾害是人类当前面临的突出自然灾害,防御和治理山洪灾害是全社会的共同任务。

### 三、诱发山洪及山洪灾害的因素

**1. 气象因素**

当强降水的天气系统运行到山区时,就有可能造成山洪发生。台风和热带风暴登陆后减弱而形成的热低压、沿着中低层辐合带或锋区移动传播的低涡、副热带高压边缘高温高湿条件下发展形成的强对流云团,都是易造成山洪的天气系统。气流上升运动,使对流云发展形成降水。高强度暴雨是激发山洪的主要因素。

临近发生山洪暴雨时,乌云笼罩,天气闷热;当暴雨发生时,雨如瓢泼;若发生在白天,则如临夜幕;若发生在深夜,则漆黑一团。冬季积雪较厚的山区(主要是新疆阿尔泰和东北地区),随着春季气温大幅度升高,各处积雪随之融化,江河中流量或水位突增而形成融雪山洪。例如,我国天山、昆仑山、祁连山和喜马拉雅山北坡高山地区有丰富的永久积雪和现代冰川,夏季气温高,积雪和冰川融化,江河流量迅速增大,可形成冰川山洪。冰川山洪的流量与气温有明显的同步关系,水位的涨落随气温的升降而变化。

**2. 地质地貌因素**

山区地面承载条件是山洪致灾程度轻重的主要因素。山洪灾害易发地区的地形往往是高山的坡陡、深谷和山谷出口的山脚小平川,这些地区大部分覆盖渗透强度不大的土壤,如紫色砂页岩、泥质岩、红砂岩、板页岩发育而成的抗蚀性较弱的土壤,遇水易软化、易崩解,一遇到较强的地表径流冲击时,易形成山洪灾害。其中,高山地形是对流系统的触发机制。云团遇山造成不稳定能量释放,因此,在山脉的迎风坡不仅暴雨频次增加,而且暴雨量也增大。有时候一次暴雨过程在山区造成的降雨量是平原地区的十几倍,甚至更大。而在背风坡暴雨显著减少。暴雨中心往往在山的迎风坡。例如,我国广西南部特大暴雨多出现在十万大山东南坡;广东特大暴雨则分布在南岭南麓;华北特大暴雨多出现在燕山南麓和太行山东坡。

**3. 冰川因素**

我国西部高山地区通过冰川融水和冰湖溃决两种方式引发山洪。冰川融水型山洪受制于两个条件:一是山区小河源头必须有较大规模冰川发育,二是必须有持续高温天气出现。冰湖溃决型山洪主要由冰崩和死冰体的消融活动引起,这是一种突发性洪水。

**4. 融雪因素**

我国北部山区积雪在冬季结束之后因温度升高而融化,引发洪水,它与温度条件和冬季的降水量有关。

另外,在山区河流出山口处的洪水,往往是多种因素共同作用的结果。如

1959年,阿尔泰山区额尔齐斯河发生的洪水就是季节积雪融水和暴雨两种因素共同引起的;而1959年9月5—6日,在伊犁河流域喀什河发生的洪水则是高山冰雪融水与暴雨等多种因素引起的。

**5. 人类活动因素**

山洪本身是一种自然现象,不一定致灾,人类违反自然规律的活动却导致了山洪灾害加剧。山丘地区土地过度开发,如陡坡开荒、进行工程建设等,会对山体造成破坏,使地形、地貌被改变,天然植被被破坏,森林被砍伐,失去保持水土、涵养水源作用,暴雨来临时易发生山洪。近来许多建设工程,如修路、开矿等大量废土堆于山坡或溪流槽沟,造成河槽严重淤塞,这也是山洪灾害形成的重要因素之一。

### 四、暴雨山洪产流和致灾过程

山洪形成经过产流、汇流、产沙和输沙过程,伴随产生剥蚀冲毁、淹埋等致灾过程。

**1. 产流剥蚀过程**

山区暴雨径流一般认为来自坡面上的超渗雨,或者说直接降雨和壤中流共同决定着小流域的洪峰流量和流量过程。坡面漫流剥蚀地表土壤,造成水土流失。山坡阶段土壤侵蚀分为四个过程,即降雨分离、径流分离、降雨输移和径流输移,为泥沙刮削汇集阶段。

**2. 汇流和冲击摧毁过程**

洪水在山区小流域的汇流过程可分为地表径流汇流和壤中流汇流。地表径流的汇流速度主要受坡度、水量大小、糙率等影响。暴雨山洪从坡面汇流到坡沟流槽,一开始就流速很快,削剥冲洗力很强,造成山崩地裂之势,洪水泥石混流,奔流席卷而下,流至山脚平川,则洪流咆哮,以迅雷不及掩耳之势冲洗和淹没村庄农田。

**3. 输沙和沙压过程**

一般可以将山区小流域产沙量的形成分为山坡和河道两个阶段,前者对应于表面径流区域,后者对应于溪道水流区域。

河道阶段输沙量由冲泻质和床沙质两部分组成,冲泻质输沙量来自山坡过程的输入。泥石流是山区小流域泥沙搬运的特有形式。就其搬运过程而言,由

171

于地理环境、水力条件以及泥沙颗粒组成等的差异,其搬运特征亦明显不同。在黄土地区,由于泥沙颗粒组成较细,大量的泥沙在湍急的洪水作用下将被悬移出沟;在泥沙均匀补给的情况下,泥石流的形成主要是由悬移质含沙量的急剧增加造成的。在坚硬的花岗岩、闪长岩等岩性区,颗粒组成较粗大,尤其是大砾石、巨砾含量明显增加,这就使得在一般洪水过程中较细的颗粒被悬移或推移搬运,而粗大的砾石就会形成沟床"抗冲粗化层",从而在某种程度上增加了沟床的稳定性。但在遭遇大洪水时,这种在沟床表层形成的粗化层将会被掀揭而去,造成沟槽堆积物的大量输移,形成所谓的沟槽泥石流过程。在洪水过程中,大量的泥沙被动推移搬运,很容易在山脚平川形成沙压灾害。

## 五、山洪灾害的防治

### 1. 防御山洪灾害的综合措施

山洪灾害致灾的因素和其他自然灾害一样,具有自然和社会经济双重属性。其自然因素主要包括特殊的地形地貌、地质构造、降雨量和降雨强度。其社会经济因素主要包括人类对自然资源的开发利用、人类对自然环境的破坏、工程防洪标准偏低,以及人们对山洪成灾机理认识不清。在目前社会经济和科学技术条件下,要完全防止山洪发生是不可能的,防御山洪灾害必须采取综合防治的对策。

首先,要提高全社会对山洪灾害的认识,提高人们的避灾能力。要合理地开发利用自然资源,减少对自然环境的破坏,降低山洪发生的机率和致灾地面条件,减少山洪灾害造成的损失。

其次,要加快防御山洪灾害的工程建设,减少山洪发生的概率,降低山洪成灾的程度。通过水土保持工程措施增加流域的蓄水能力,减少水土流失;拦蓄地表径流,增加土壤入渗;增大河道的行洪能力;提高工程的防洪标准。

另外,还可以采取一系列防御山洪灾害的非工程措施,如减少山洪灾害易发区、危险区的生活人群,建设山洪灾害易发区、危险区监测系统和通信、预警系统,建立行之有效的躲灾、避灾预案等。

### 2. 山洪发生时的人员安全转移和避灾措施

山洪的突发性强,时空的不确定性大,影响因素多,工程治理投入大,短期内

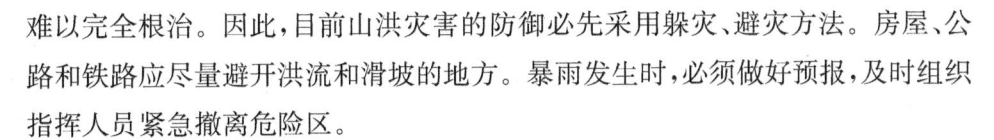

难以完全根治。因此,目前山洪灾害的防御必先采用躲灾、避灾方法。房屋、公路和铁路应尽量避开洪流和滑坡的地方。暴雨发生时,必须做好预报,及时组织指挥人员紧急撤离危险区。

(1) 防御山洪的准备工作

① 做好山洪灾害易发区的普查工作

相关地区的防汛抗旱指挥部要组织有关人员,对山洪灾害易发区进行逐一勘测、调查,对该区内的社会经济、自然地理、气象水文、历年洪灾、现有防御体系、灾害隐患点等情况进行全面认真的调查摸底。澄清危险区、警戒区内人数、房屋及水利、交通等基础设施基本情况,再精心编写山洪灾害防御预案,绘制山洪灾害风险图,制定安全转移方案及路线、地点,并做好需转移搬迁户的规划工作。调查的主要包括以下内容。

a. 地质地貌:调查地壳切割变动、地表岩层风化破碎情况,地形坡度、冲沟纵横断面、松散固体物质堆积量等。

b. 地表侵蚀:调查侵蚀类型(水力、风力、重力等)及侵蚀强度,年平均流失厚度。

c. 流域降雨:调查集雨面积、年平均降雨量、年最大降雨量、暴雨强度、历史洪水特征数值。

d. 历史山洪灾害发生情况:调查历史山洪灾害发生频次、激发因素、每次的气象情况、降雨情况、损失情况等。

e. 坡面沟谷治理情况:调查有无综合治理规划、工程实施情况、工程管理和效益、人为活动影响、水土保持措施效果等。

② 查清容易受到山洪灾害威胁的人群

根据历年山洪灾害资料分析,下列几种情况往往容易受到山洪灾害威胁,应特别注意。

a. 房屋建在陡坎或陡峻的山坡脚下或者切坡建房不加防护,最易遭到山洪和滑坡的威胁。

b. 宅基地选择在溪河两边、双河口交叉处及河滩地,最易遭到洪水直接冲击。2005年5月31日,湖南省新邵县太芝庙乡发生暴雨山洪灾害,灾害造成745栋房屋倒塌,其中531栋临近河岸线,占71.2%。死亡52人,失踪27人。沿河岸倒房死41人,失踪12人。

c. 房屋建在山谷易遭山洪泥石流冲毁和淹埋。2006年7月15日,湖南省郴州山洪泥石流淹埋村庄,造成严重伤亡。

d. 在山洪易发区残坡积层较深的山坡地,或山体已开裂的易崩易滑的山坡地上建造的房屋,如遇特大暴雨侵蚀冲刷,容易受到山体崩塌滑坡的威胁。

e. 山洪淹没区质量不好的房屋,被水浸泡后容易倒塌,造成人员伤亡。2005年5月31日,湖南省新邵县太芝庙乡发生山洪灾害,洪泛地带倒塌土砖房354栋,造成15人死亡。

③ 建立健全山洪的群测群防系统

首先进行监测点选定工作,确定监测范围、监测方法和要求,把监测责任落实到具体单位和个人。被监测地质灾害隐患点所在的乡、镇、村和有关单位负责人为监测责任人。成立监测组,监测组由受危害威胁的居民点或有关单位为群测人员组成。建立岗位责任制,县、乡、村逐级签订责任书。由县防汛指挥部归口管理和指导群众监测网络,负责监测资料与信息反馈工作,并及时向有关乡、镇、村和工矿企业发出预警通知和指令。

④ 做好山洪灾害抢险队的常规训练

要做到最大限度地减少灾害损失,在山洪发生前(一般在每年的4月以前),必须组织防汛抢险队伍进行山洪灾害防御演习训练。

(2) 准确及时做好山洪发生时的安全转移工作

躲避山洪袭击的撤离转移工作要准确及时,具体而言,必须做好以下几点工作。

① 汛期山洪易发区防灾指挥所必须坚持24小时值班制

指挥、值班人员要经常收听、收看气象信息和上级部门发布的灾险情预报,密切关注和了解所在地的雨情、水情变化,做到心中有数。特别是居住在危险区的居民,必须事先熟悉所处的位置和山洪隐患情况,明确应急措施与安全转移的路线和地点,还要勤于观察了解房前屋后是否有山体开裂、沉陷、倾斜和局部位移的变化,是否有井水浑浊、地面突然冒浑水的现象,是否有动植物出现异常反应,等等,一旦发现明显的前兆,就应迅速果断地撤离现场。

② 准确及时发出预报

山洪预报是防御山洪灾害,降低或减轻山洪灾害损失的一项重要工作。各级气象水文部门要提前发出暴雨预报,各乡村要密切注意暴雨前兆,加强观测,及时抓住雨情。

③ 及时发出安全转移警报

在暴雨开始之初,抓住山洪致灾前 1~2 小时的转移救生时间,果断发出人员转移救生警报。

④ 组织居民及时转移

暴雨突降,溪水陡涨,洪流奔腾骤至,可撤迁救生时间短,因此撤离转移应迅速。当山洪突发,山洪区居民接到转移信号或听到警报后,必须像听到防空警报那样自动迅速转移到预定安全地点。人员转移必须在洪峰前 1~2 小时,若待逐户催促才转移,往往来不及撤离。转移责任人应负责组织指挥,维护秩序和转移安全。

(3) 避险救援中的注意事项

① 最大限度地减少人员伤亡。

最大限度地减少人员伤亡,是抗御山洪灾害的根本目的。一是及时转移受威胁的下游群众。二是当住宅即将被淹时,在抢救程序上必须保证先人员,后财产;先老幼病残人员,后其他人员;先转移危险区人员,后转移警戒区人员的原则。三是如遇家中老人不愿离开老宅的,应强行先将其转移出去。四是在脱险后应对受伤人员就地实施紧急救护,伤情严重的应及时转送当地医院治疗。

信号发布责任人和转移组织者最后撤离。

② 住宅被淹时的避险。

遇到这种情况时,应采取如下有效的办法:一是安排家人向高处和屋顶转移,并尽量安慰稳定情绪,避免拥挤踩踏;二是想方设法发出呼救信号,尽快与外界取得联系,以便得到及早救援;三是利用竹木等漂浮物将家人护送漂移至附近的高大建筑物上或较安全的地方。

③ 救助被洪水围困的人群。

(4) 如何妥善安置灾区群众

安置灾区群众必须坚持统一领导、分工负责,主要工作如下:

a. 做好灾民的粮油、食品、饮用水、衣被等基本生活物资的发放供应;

b. 切实帮助灾民突击抓好危房搬迁和选址建房工作,使临时安置灾民早日重返家园;

c. 加强安全巡逻执勤和对灾民原有住宅的看护工作,制止和打击各种违法

犯罪行为,特别是严防趁灾哄抢、盗窃财物的恶性案件发生,切实维护灾区的社会治安秩序;

d. 做好灾后的防疫救护工作。

## 第二节 泥石流的应对措施

### 一、泥石流的定义及特征

泥石流是山区沟谷中,由暴雨、冰雪融水等水源激发的,含有大量泥沙、石块的特殊洪流。

泥石流具有两大特征:一是来势汹汹,成灾迅速。泥石流往往突然发生,浑浊的流体沿着陡峻的山沟前推后拥,奔腾咆哮而下,地面为之震动,山谷犹如雷鸣。二是推、垮、堵、压数种破坏并发,灾情规模大、危害大。泥石流是一种特殊的山洪,含有大量固体物质(含量高达80%～85%),容重约2.37 t/m³;往往能在很短时间内将大量泥沙石块冲出沟外,在宽阔的堆积区横冲直撞、漫流堆积,给人们生命财产造成很大危害。

1977年7月26日夜间,云南蒋家沟乌云密布,狂风呼啸,大雨倾盆。27日清晨6时25分,山沟里传来隆隆巨响,好似火车轰鸣,响彻山谷。黏稠的阵性泥石流,如万马奔腾,飞流而下,浪头滚滚,泥沫飞溅。在河道较顺直的地方,犹如一列奔驰的火车开出山口;在弯曲的沟道里,宛如一条巨蟒,拖着长长的尾巴蜿蜒而行,百米不见其尾。砂石由上向下翻落,激起泥浪,拍击两岸,发出震耳欲聋的声响。

### 二、泥石流的形成条件

泥石流的形成,必须同时具备三个基本条件,即:有丰富的陡坡碎石松土(松散固体物质)、短时间内有大量来水和有一定坡度的利于集水集物的沟状地形。人类活动也是诱发泥石流的因素之一。

**1. 陡坡碎石松土是泥石流形成的最基本条件**

如图7-3,泥石流暴发区的地质条件一般较为复杂,常见有地表岩石破碎、崩塌、错漏、滑坡等不良地质现象。地层经受过多次强烈的地壳运动,褶皱强烈,断层密布，岩体破碎，崩、坡积物沿坡分布直至沟底集中，破碎的地质体促使岩体风化深入发展。沟谷内的滑坡也导致岩层解体，造成了山地坡面、谷槽、溪沟堆积大量废土碎石等松散固体物质，构成了泥石流形成的一个重要条件。

**2. 强暴雨易激发泥石流**

有调查统计，泥石流主要与降雨强度关系密切，通常暴发在雨量集中、雨强最大的时段内。降雨量越大，形成泥石流的概率就越高。

图 7-3　泥石流形成区示意图

在气象上把 10 分钟的雨强 11 mm、1 小时的雨强 36 mm 作为雨强界限值。相关研究表明，日雨量超过暴雨标准（日雨量≥50 mm）可能产生泥石流。泥石流发育在暴雨中心地区，激发泥石流的日雨量超过大暴雨标准（日雨量≥100 mm）。

强暴雨作为泥石流的重要组成部分，也是泥石流的激发条件和搬运介质。我国泥石流的水源主要是暴雨、长时间降雨、冰雪融水和水库溃决水体等。

**3. 有利于泥石流形成的地形地貌条件**

泥石流多发于河流的发源地，这些源头地区在地形上具备山高沟深、地形陡峻、流域形状便于大量水流汇集的特点。暴雨洪水因此获得巨大动能，从而促使沟床、沟侧的大量堆积物起动，形成泥石流。图 7-4 和图 7-5 分别为奔腾的泥石流和泥石流堆积区示意图。

图 7-4　奔腾的泥石流　　　　图 7-5　泥石流堆积区示意图

**4. 人类不适当活动诱发泥石流**

诱发泥石流的人类活动主要有以下几个方面：

(1) 不合理开挖；

(2) 不合理的弃土、弃渣；

(3) 滥伐乱垦。

### 三、泥石流的危害

泥石流既有暴雨洪水的水流动能，又挟带大量固体物质如碎石岩土，导致山洪容重大增，由坡面向下运动时，在重力作用下流体势能转化为动能，使其比一般洪水具有更大的运动能量，产生巨大的搬运力，能将覆在其上的巨块物质，甚至大片层土带着移动，更增加了其冲击力。因而在山洪灾害中，泥石流破坏性最大。

(1) 对居民点的危害：如 1969 年 8 月云南省大盈江流域弄璋区南拱泥石流，使新章金、老章金两村被毁，97 人丧生。

(2) 对水利、水电工程的危害：主要是冲毁水电站、引水渠道及过沟建筑物，淤埋水电站尾水渠，并淤积水库、磨蚀堤面等。

(3) 对矿山的危害：摧毁矿山设施，淤埋矿山坑道，伤害矿山人员，造成停工停产或矿山报废。

(4) 堵塞河道形成次生水灾。

(5) 对景观生态、环境资源和自然遗产造成毁灭性的、不可恢复的破坏。

### 四、泥石流种类

(1) 按泥石流的物质成分状态分

① 黏性泥石流，其特征是：含大量黏性土的泥石流或泥流，黏性大、稠度大，石块呈悬浮状态，固体物质占 40%～60%，最高达 80%；水不是搬运介质，而是组成物质；黏性泥石流暴发突然，持续时间短，破坏力大。

② 稀性泥石流，其特征是：以水为主要成分，黏性土含量少，固体物质占 10%～40%，有很大分散性；水为搬运介质，石块以滚动或跃移方式前进，有强烈的下切作用，其堆积物在堆积区呈扇状散布，停积后似"石海"。

(2) 按泥石流的流域地貌特征分

① 标准型：能区分出形成区、流通区和堆积区，破坏性大。

② 沟谷型：沿沟谷形成，流域呈现狭长状，规模大。

③ 山坡型：为坡面地形，沟短坡陡，规模小。

(3) 按泥石流的成因分类有：冰川型泥石流、降雨型泥石流。

(4) 按泥石流流域大小分类有：大型泥石流、中型泥石流和小型泥石流。

## 五、防御泥石流灾害的总体对策

**1. 主动避让泥石流**

在泥石流将发生时，通过警报，采取紧急撤离措施，可使泥石流过境时灾害损失减至最低。当得知某区域一段时间内将发生泥石流时，应对该地区采取紧急疏散和保护措施，将人员强行迁至安全区，同时建立临时躲避棚，躲避棚的位置要避开沟渠凹岸，以及面积小而低平的凸岸和陡峭的山坡下，应设置在距离村庄较近的山坡或位置较高的阶台地上。

泥石流来临时，人员不要向顺泥石流沟方向上游或下游跑，应向沟岸两侧山坡跑，且不要停留在凹坡处。

**2. 努力抑制泥石流发生**

采取蓄、引和拦挡工程，控制形成泥石流的水源和松散固体物质的积聚和启动；以行政管理、法令措施消除激发泥石流的人为因素，从而在源头上抑制泥石流的发生。

**3. 积极疏导泥石流过境**

通过河道改造工程，调节泥石流的流向和流态，消减龙头能量，促使泥石流分流或解体，从而减少通过保护区河道的泥石流流量、流速，使其顺利过境而不危及两岸保护区的安全。

**4. 采取综合防御措施**

针对被保护目标的性质和重要性，采取工程、生物、预警、行政等措施对泥石流进行抑制、疏导、局部避让等综合措施，从而达到最佳治理效果并节省投资。

## 六、防治泥石流的工程措施

**1. 坡面水土流失的防治**

(1) 退耕植树种草，增加植被覆盖率，制止坡土流失。

(2) 改善耕作措施,将"天水田"和旱土改造成草场和果茶园,改坡土为梯田,等等。

**2. 泥石流的拦截相关措施**

稳:用排水、拦挡、护坡等稳住松散物质、滑塌体及坡面残积物。

拦:在中、上游设置谷坊或拦挡坝,拦截泥石流固体物。

排:在泥石流流通段采取排导渠(槽),使泥石流顺畅下排。

停:在泥石流出口有条件的地方设置停淤场,避免堵塞河道。

封:即封山育林,退耕还林。

造:退耕造林种草,增加植被覆盖率。

## 七、泥石流工程防治措施实例

**1. 谷坊**

谷坊是在山溪沟道上横向修建的 5 m 以下的低坝,又名防冲坝、闸山沟、砂土坝等。其作用是防治沟底下切、沟头上延,还可拦蓄泥沙,使沟底坡度平缓,河床固定,减小水流速度和洪水流量,保护沟道。

石谷坊溢水口可直接设在谷坊顶部的中间或靠近地质条件好的岩坡一侧,过水部分可用浆砌。土谷坊一般不允许洪水漫顶,因此,土谷坊的溢洪口是一项重要设施,一般布设在坝址一侧的山坳处或坡度平缓的实土上,如果设在土谷坊上应做好防冲处理。

谷坊溢洪口下游与土质沟床连接处,应设消能防冲设施。谷坊施工要按小型水利工程施工方法进行。谷坊淤满后要充分利用淤成的土地,种植防冲林木,维护好溢水口,防止形成新的冲沟。

**2. 拦挡坝(拦砂坝)**

拦挡坝是为拦蓄山洪、泥石流中的固体物质而采取的防护治理措施。拦挡坝有砌石重力坝、砌石拱坝、铁丝石笼坝、格栅坝等类型,图 7-6 为立体格栅坝。

**3. 排导渠、槽**

排导工程的作用,主要是畅排泥石流,控制泥石流对通过区或堆积区的危害。也可采用游荡性泥石流沟,以达到固定沟槽的目的。

泥石流的破坏性主要表现在水流泥流产生的冲击破坏和淹埋破坏。消除卡口,拓宽沟道,或修建泄洪槽、顺水坝护岸和导流堤等,都属于排导工程。

图 7-6　立体格栅坝

**4. 沉砂池与分砂场**

沉砂池与分砂场是在泥石流沟道流路上利用荒洼低地或开挖圈围,配合有利的弯道河势,拦截分流砂石,减少泥石流砂石冲压范围。

在都江堰枢纽工程的布置体系中,"飞沙堰"就是一项成功的分洪减沙工程。

# 参考文献

[1] 骆承政.中国历史大洪水调查资料汇编[M].北京：中国书店,2006.

[2] 水利部水文司.中国水文志[M].北京：中国水利水电出版社,1997.

[3] 曹康泰.中华人民共和国防洪法释义[M].北京：中国法制出版社,1998.

[4] 中华人民共和国水利部国际合作与科技司.堤防工程技术标准汇编[M].北京：中国水利水电出版社,1999.

[5] 郑文康,刘翰湘.水力学[M].北京：中国水利水电出版社,2007.

[6] 钱家欢.土力学[M].南京：河海大学出版社,1995.

[7] 董哲仁.堤防抢险实用技术[M].北京：中国水利水电出版社,1999.

[8] 董哲仁.堤防除险加固实用技术[M].北京：中国水利水电出版社,1998.

[9] 包承纲.堤防工程土工合成材料应用技术[M].北京：中国水利水电出版社,1999.

[10] 张永忠.抗洪抢险技术[M].北京：军事科学出版社,1999.

[11] 杨光煦.截流围堰堤防与施工通航[M].北京：中国水利水电出版社,1999.

[12] 胡一三.黄河防洪[M].郑州：黄河水利出版社,1996.

[13] 李芝华,朱志强,郑子樵.防洪工程防渗加固灌浆新材料研究开发进展[J].材料导报,1999(3)：1-2,12.

[14] 王运辉.防汛抢险技术[M].武汉：武汉大学出版社,1999.

[15] 国家防汛抗旱总指挥部办公室.江河防汛抢险实用技术图解[M].北京：中国水利水电出版社,2003.

[16] 周卫民,陈柏荣,章喆.防汛与抢险技术[M].郑州：黄河水利出版社,2010.

[17] 聂芳容.山洪与泥石流灾害防御[M].长沙：湖南人民出版社,2009.

[18] 江苏省防汛防旱抢险中心,江苏省防汛抢险训练中心.防汛抢险基础知识[M].北京：中国水利水电出版社,2019.

[19] 安徽省防汛抗旱指挥部办公室,安徽省长江河道管理局.防汛抢险100例[M].南京:河海大学出版社,2017.

[20] 江苏省防汛防旱抢险中心,江苏省防汛抢险训练中心.堤防工程防汛抢险[M].北京:中国水利水电出版社,2019.

[21] 陈云鹤,王荣,洪娟,等.一种防汛膨胀袋及堤坝决口封堵装置:CN201920274154.8[P].2020-04-07.